PETITE BIBLIOTHÈQUE À 1 FRANC

LE
PHONOGRAPHE

EXPLIQUÉ

A TOUT LE MONDE

EDISON ET SES INVENTIONS

PAR

PIERRE GIFFARD

HUITIÈME ÉDITION

Illustrée et augmentée d'une série de gravures inédites
REPRÉSENTANT LES APPAREILS LES PLUS NOUVEAUX

PARIS

MAURICE DREYFOUS, ÉDITEUR
13, RUE DU FAUBOURG-MONTMARTRE, 13

LE

PHONOGRAPHE

Thomas Alva Edison

T.-A. Edison, l'inventeur du Phonographe.

LE
PHONOGRAPHE

EXPLIQUÉ
A TOUT LE MONDE

ÉDISON ET SES INVENTIONS

PAR

PIERRE GIFFARD

HUITIÈME ÉDITION

illustrée et augmentée d'une série de gravures inédites

REPRÉSENTANT LES APPAREILS LES PLUS NOUVEAUX

PARIS

MAURICE DREYFOUS, ÉDITEUR

13, RUE DU FAUBOURG MONTMARTRE, 13

CORBEIL, Typ. et stér. de CRÉTÉ.

AU LECTEUR

Dans un livre précédent, que le public a bien voulu accueillir avec faveur, nous avons exposé les origines du téléphone.

A côté de l'invention merveilleuse qui transporte la parole humaine à des distances considérables, la science contemporaine a créé l'appareil invraisemblable qui recueille cette parole, la fixe, la grave et la restitue à l'air libre.

Nous n'avons point fait, la seconde fois plus que la première, un ouvrage technique ; mais, au contraire, nous avons essayé de vulgariser, en l'expliquant simplement, le phonographe de M. Edison, désormais illustre.

La découverte du jeune ingénieur américain restera comme l'une des plus étonnantes du siècle : à ce titre, elle a droit à l'attention de tous ; car, si nous ne nous trompons, il suffira d'un progrès insensible pour qu'elle offre une utilité réelle, aussi bien que le téléphone.

Pour le moment, le phonographe est une curiosité qui passionne. Nous avons essayé de grouper tout ce qui a trait à cette *attraction*.

C'est encore une fois le lecteur qui dira si nous y avons réussi.

P. G.

LE
PHONOGRAPHE

CHAPITRE PREMIER

Le phonographe. — Description. — Origine de la découverte. — Les plaques vibrantes. — Utilité d'un chapeau. — Le style. — Le cornet. — Premier appareil.

On peut dire, avec juste raison, que jamais appareil ne fit, à son entrée dans le monde, autant de bruit que le phonographe de l'ingénieur Edison. Et, de fait, reproduire la parole humaine, fixer cette parole sur une feuille d'étain de façon à la faire résonner à volonté en tout temps avec ses inflexions, ses différentes tonalités, son expression intime, n'est-ce pas la découverte la plus étonnante, la plus merveilleuse, qu'il ait été donné à notre siècle de produire ?

La vapeur et l'électricité ont supprimé la distance, le phonographe a fait plus, il a supprimé le temps. Il le supprimera du moins, on peut en être sûr.

Le côté admirable de la nouvelle découverte, c'est la simplicité de l'appareil. Alors que dans le téléphone à plombagine, dans la plume électrique et autres inventions de M. Edison, c'est le principe de Faraday sur les électro-aimants et les courants d'induction qui sert de base à la découverte, dans le phonographe c'est simplement l'étude des vibrations produites par la voix humaine sur les surfaces métalliques qui constitue la théorie de l'appareil.

Le phonographe se compose d'un cylindre en cuivre, rayé par une courbe en forme d'hélice, ou de pas de vis, et porté par une tige en fer rayée de la même façon et supportée par deux pivots.

A l'une des extrémités de cet arbre de couche se trouve une manivelle à main.

A l'autre une roue ou volant, destinée à régler la rapidité des mouvements de rotation de l'arbre de couche et par conséquent aussi du cylindre qu'il supporte. Ces mouvements de rotation, pouvant être exécutés dans les deux sens, communiquent au cylindre, grâce au pas de vis, un mouvement de translation horizontale de droite à gauche ou de gauche à droite, suivant que le mouvement de rotation se fait d'avant en arrière ou d'arrière en avant.

Devant le cylindre se trouve un petit instrument ressemblant à un entonnoir et porté par une tige en fer placée perpendiculairement sur un autre morceau de fer, qui sert à rapprocher ou à éloigner l'instrument du cylindre devant lequel il est placé.

Cet instrument, qui est celui contre lequel on applique la bouche pour parler, se compose :

1° De l'embouchure, ressemblant à un entonnoir;

2° D'une plaque vibrante en tôle de fer, circulaire et très-mince, placée immédiatement derrière l'embouchure et ayant son centre à l'ouverture inférieure de celle-ci :

3° Derrière cette plaque et support par une tige en cuivre, un ressort armé d'un style, ou stylet, pointe, aiguille, etc.

Ce ressort fait corps avec la plaque vibrante, au moyen d'un petit morceau de caoutchouc adhérent à l'un et à l'autre de telle façon que toutes les vibrations de la plaque sont immédiatement et simultanément reproduites par le style et qu'inversement toutes les vibrations du style sont reproduites par la plaque.

Suivant que l'on éloigne ou que l'on rapproche du cylindre l'ensemble de ces trois parties, le style se trouve appuyé sur ce cylindre ou s'éloigne de lui.

Ceci posé, parlons brièvement des vibrations produites par le son. Tout le monde sait que le son est produit par la répercussion dans l'air des ondes sonores, émises par la bouche ou par les vibrations d'un corps quelconque. Ces ondes sonores vont en s'affaiblissant graduellement, à mesure qu'elles sont arrêtées par la résistance que leur oppose l'air, qui est doué d'une force élastique plus ou moins grande, suivant qu'il est plus ou moins comprimé. Pour donner une idée de l'effet produit par les ondes sonores dans l'air, nous nous servirons d'une comparaison bien connue.

Quand on jette une pierre dans l'eau, il se produit un trou, à l'endroit où la pierre est tombée. Immédiatement on voit se dessiner une série de cercles, formés par de petites vagues ou ondes, qui vont s'affaiblissant graduellement, à mesure qu'en s'éloignant du point central, elles rencontrent plus ou moins de résistance dans l'eau.

Lorsqu'un *son* est émis, le phénomène physique se produit dans l'air comme pour la pierre qui tombe il se produit dans l'eau.

Chaque son produit une série de petites vagues ou ondes sonores, et tandis que pour la pierre jetée dans l'eau c'est cet élément qui oppose une résistance à la vague, pour le son c'est l'air, un autre élément, résistant lui aussi, qui affaiblit, use, pour me servir d'une expression plus imagée, l'onde sonore.

C'est ce qui fait que l'on entend moins à 100 mètres qu'à 10 mètres de distance une personne qui parle, le bruit d'un moulin ou la chanson d'un passant.

Pour en revenir à la comparaison faite plus haut, si on mettait en travers des petites vagues, en la plongeant dans l'eau, une feuille de métal, chaque fois qu'une petite vague viendrait frapper cette feuille, elle l'animerait d'un mouvement de va-et-vient ou *de vibration*, d'autant plus rapide que les vagues seraient plus pressées et d'autant plus intense qu'elles auraient plus de force. C'est le même phénomène que l'on voit se produire lorsqu'un gros bâtiment passe à côté d'un petit. Ce dernier est violemment secoué par les vagues produites sur le passage de son voisin.

Si donc, devant la bouche, on place, alors qu'on parle, une feuille de métal assez mince pour subir un mouvement vibratoire toutes les fois que l'onde sonore viendra la frapper, cette feuille ou plaque de métal éprouvera les mêmes effets que nous avons signalés pour une feuille semblable mise dans l'eau dans les conditions énoncées ci-dessus.

Par conséquent, lorsqu'on parle dans le petit appareil décrit, et qui se trouve placé en avant du cylindre, la plaque vibre à mesure que les différents sons sortis de la bouche viennent la frapper, et le style, qui fait corps avec la plaque, vibre aussi à l'unisson.

Ces vibrations seront d'autant plus rapides que la tonalité de la note émise sera plus élevée et plus intense, suivant que l'intensité de la note sera plus forte.

En musique, comme on le sait, chaque note de la gamme correspond à un nombre déterminé de vibrations à la seconde.

Or, la phrase, qu'elle soit chantée ou parlée, se compose d'une série de syllabes,
ayant chacune une tonalité différente et
par suite déterminant une série de vibrations diverses. Si le style est animé d'un
mouvement vibratoire d'avant en arrière,
chaque fois qu'il vibrera, il imprimera
sur la feuille d'étain avec laquelle il est
en contact et sur laquelle il exerce une
très-légère pression, un petit point, un
petit trou.

La feuille d'étain placée sur le cylindre
restant immobile, on aurait beau parler,
le style viendrait toujours la frapper au
même endroit. Mais en même temps que
l'on parle, au moyen de la manivelle à
main placée à l'extrémité de l'arbre de
couche, on fait exécuter au cylindre une
série de mouvements de rotation régu-
liers, et on lui donne, l'arbre de couche
étant fileté, un mouvement de translation horizontale.

Le résultat de ces deux mouvements
(vibration du style d'un côté et translation du cylindre de l'autre) est une

courbe hélicoïdale, c'est-à-dire une hélice, comme un tire-bouchon, portant une série de petits points plus ou moins pressés, plus ou moins profondément imprimés, pour les causes que nous avons indiquées plus haut.

Par conséquent la phrase quelconque prononcée dans l'embouchure se trouvera gravée sur la feuille d'étain et représentée par ces petits points. Voilà la première opération du phonographe. L'appareil a inscrit les vibrations qui lui ont été confiées.

L'émission de la voix dans le phonographe se trouvant ainsi emmagasinée, que reste-t-il à faire ? A restituer dans une salle à l'air libre, indéfiniment, la phrase qu'on vient de prononcer.

Voici comment on procède :

On éloigne la pointe du stylet de la feuille d'étain. Puis, par un mouvement de rotation en sens inverse de celui qui a été exécuté en premier lieu, on ramène le cylindre au point où il se trouvait avant l'émission de la phrase. On rétablit le

contact entre la feuille d'étain et le stylet, et on reprend le mouvement de rotation, cette fois-ci dans le sens direct.
Que se passe-t-il alors ? Le stylet suit sur
la feuille d'étain exactement la même
route qu'il a déjà parcourue. Seulement,
au lieu de rencontrer une feuille d'étain
unie, il suit sur cette feuille une courbe
qu'il a parsemée d'une série de petits
points, comme il a été démontré ci dessus.

Or, on se rappelle que le stylet exerce
une très-légère pression sur la feuille
d'étain. En vertu de cette pression, toutes les fois que le stylet passe sur un des
petits points il s'enfonce, il fait une sorte
de petit plongeon, et, en se relevant, fait
vibrer le ressort, par conséquent la plaque de tôle qui fait corps avec lui.

Or cette vibration du stylet et de la plaque est la reproduction exacte de la vibration qui a produit le petit point devenu
à son tour cause de vibration après en
avoir été l'effet ; par conséquent, l'ensemble d'une série de petits points produits par l'émission d'un son, fera re-

produire à la plaque l'ensemble de ces vibrations et évidemment ce son.

La phrase sera donc reconstituée par la reconstitution de l'ensemble des vibrations qu'elle a produites sur la plaque de métal, et elle sera par conséquent entendue telle qu'elle a été prononcée.

On voit que la théorie, dans le phonographe, est aussi simple que la construction.

On parle sur une plaque, le stylet écrit. On offre de nouveau au stylet les inscriptions qu'il a tracées ; elles le font vibrer à leur tour, le stylet fait vibrer la plaque et la parole humaine est restituée.

Le phonographe, comme d'autres inventions, a été découvert grâce à une cause futile en apparence pour les gens qui n'ont point l'habitude de se rendre compte des phénomènes physiques qu'ils voient s'accomplir à chaque instant devant eux.

Un jour, M. Edison, qui entre parenthèse est affligé d'une demi-surdité, s'amusait à parler dans son chapeau, un

.plendide couvre chef, dit « tuyau de poêle », qu'il tenait de la main gauche tandis que la droite était placée sur le *fond* extérieur de cette coiffure.

Il s'aperçut que le son de sa voix faisait vibrer le fond du chapeau, non parce qu'il entendait ces vibrations, mais parce que ses doigts en étaient impressionnés.

Avec la volonté de se rendre compte autant que possible des phénomènes physiques, M. Edison analysa ce qu'il ressentait et se dit que, puisque le fond d'un chapeau répétait les vibrations de la voix, une plaque de métal encore plus sensible les répéterait beaucoup mieux.

Et immédiatement il se met au travail, cherchant à utiliser ce qu'il venait d'expérimenter, pour reproduire exactement la voix humaine. Il venait de trouver la plaque vibrante que MM. Gray et Bell ont trouvée aussi et qui servit d'abord à créer le téléphone.

A quelque temps de là, il eut l'idée de chercher le phonographe. Au bout de trois jours le phonographe était trouvé, et ne pouvant, à cause de sa surdité, apprécier lui-même l'effet de sa découverte, dont il était cependant certain, Edison appela son préparateur et lui dit : « Voyez-vous ce petit appareil ; parlez-lui et il reproduira votre voix. »

L'appareil réalisa en effet la merveille annoncée par le professeur. On sait quel concert d'admiration et de louanges a depuis accompagné la découverte d'Edison.

Le chapeau dit tuyau de poêle a donc désormais droit à une considération qu'il ne méritait guère, il faut l'avouer, avant la découverte du phonographe ; et l'on voit que sous Louis XIV, où la coiffure se composait d'un feutre mou, jamais probablement le phonographe n'eût pu être inventé. L'eût-il été même de nos jours, si nous avions cédé aux envahissements de la mode et si le Nouveau-Monde avait adopté le fez ou le « melon » ?

Nous avons dit, dans la description de l'appareil, que le stylet était très-ténu et très-court. Ceci est indispensable, car s'il était trop long, il aurait une certaine

élasticité et communiquerait à la plaque
des vibrations qui seraient produites par
cette élasticité et non pas par le petit
mouvement de plongeon dans les petits
trous de la feuille d'étain.

Il en est de même pour la plaque. Trop
mince, elle serait trop élastique et les
mêmes inconvénients se reproduiraient.

Lorsqu'on fait répéter une phrase par
l'instrument, on place sur l'embouchure
un cornet ou carton qui sert à donner
aux vibrations de la plaque une intensité
plus grande que leur intensité normale.

De cette façon la voix se fait beaucoup
mieux entendre.

Avant de terminer ce chapitre relatif à
la théorie de l'appareil, faisons remarquer
que le phonographe ne rend pas toujours jusqu'à présent très-exactement la
tonalité de la phrase prononcée.

Cela tient à ce que le mouvement gira-
toire imprimé au cylindre n'est pas absolument uniforme.

Par suite, il arrive que les vibrations
de certains sons sont plus pressées ou plus

lentes qu'elles ne doivent l'être ; la tonalité monte ou descend, ce qui produit des dissonances (1).

Ce léger inconvénient n'existe déjà plus dans les appareils en construction.

Ils sont pourvus, au lieu d'une manivelle à main, d'un mouvement d'horlogerie qui donne au cylindre un mouvement de rotation régulier, uniforme. On pourra parler et le cylindre rendra au stylet la parole humaine avec toutes ses nuances, son timbre, et presque la moitié de son volume (1).

(1) Voir à l'appendice p. 126 et suivantes, les figures explicatives.

CHAPITRE II

Le phonographe, tel qu'on le voit aujourd'hui, est loin, bien entendu, d'être
arrivé à un tel point de perfection, qu'on
ne puisse espérer d'y apporter d'importantes améliorations.

Ce que M. Edison et ceux qui se sont
chargés de vulgariser la découverte du
savant professeur ont surtout voulu démontrer, c'est la possibilité d'enregistrer
les sons, de les conserver indéfiniment et
de les restituer à volonté.

Que le phonographe actuel ne restitue
en volume que la moitié ou le tiers de la

voix, peu importe. On verra d'ailleurs plus loin que, grâce à une combinaison de deux inventions nouvelles, l'aérophone et le phonographe, le problème de la restitution exacte en volume est tout trouvé.

Le principe une fois démontré et appliqué, il ne s'agit plus que de creuser le sillon scientifique tracé, et les résultats ne tarderont pas à se faire sentir.

M. Edison a lui-même commencé déjà à apporter à son appareil des perfectionnements considérables.

Le cylindre en cuivre, qui a pour premier inconvénient de rendre assez difficile l'application sur lui-même de la feuille de métal destinée à recevoir l'enregistrement des vibrations, a été remplacé par un plateau se mouvant d'un mouvement de rotation horizontal, dans un plan lui-même horizontal, et l'appareil récepteur est placé perpendiculairement à ce plateau.

De cette façon, la feuille de métal est beaucoup plus facile à fixer; il n'est plus besoin de la coller afin de produire l'adhérence sur le cylindre ; en la maintenant aux quatre coins, elle se trouve suffisamment fixée pour permettre au stylet de graver facilement les vibrations de la plaque.

L'inconvénient qui consistait à être obligé de déchirer la feuille pour la retirer, se trouve aussi supprimé, et on peut dès lors la transporter sur un autre appareil, ou la replacer sur celui qui a servi en premier lieu, pour faire répéter la phrase que l'on désire entendre.

C'est grâce à cet instrument perfectionné que M. Edison est parvenu à enregistrer les vibrations produites par la lecture d'une nouvelle de 50,000 mots et à la faire reproduire par le phonographe.

Une autre amélioration était indiquée et était d'ailleurs facile à réaliser.

Dans l'instrument primitif, le mouvement de rotation du cylindre est obtenu au moyen d'une manivelle à main que l'opérateur fait aller.

Ce mouvement de rotation par la manivelle était défectueux, en ce sens qu'il est à peu près impossible à l'opérateur de tourner avec un mouvement absolument uniforme, non-seulement lorsqu'il parle dans le phonographe, mais surtout lorsqu'après avoir replacé le cylindre au point où il se trouvait avant l'émission de la phrase, il lui fait parcourir la même route qu'il a déjà suivie.

Il peut donc se produire, et cela arrive fréquemment, que le mouvement soit plus précipité ou plus lent, non-seulement dans son ensemble, mais encore dans certains tours du cylindre ; il s'ensuit que les vibrations de la phrase entière ou d'une partie de la phrase sont plus pressées ou plus lentes et par conséquent que la tonalité de la phrase est plus élevée ou plus grave. Il arrive dans le second cas que certaines syllabes ou certains mots, montant ou descendant de ton, produisent des dissonances et que le phonographe détonne.

En remplaçant la manivelle par un mouvement d'horlogerie, facile à construire, le mouvement de rotation se trouvera réglé et les différences de vitesse ne se produiront plus, d'où, par conséquent, impossibilité des dissonances.

Nous avons dit aussi dans le précédent chapitre que le phonographe opérait la restitution d'une phrase par des moyens purement mécaniques, et il est par cela même beaucoup plus simple théoriquement que le téléphone qui, lui, transforme les ondes sonores émises par la bouche en ondes électriques qui, à leur tour, sont, par la plaque vibrante de la station d'arrivée, transformées en ondes sonores.

Donc, transformation directe et immédiate des ondes sonores.

Ici vient naturellement se placer une objection toute naturelle et que chacun a déjà faite à l'avance.

Cette objection la voici :

On comprend très-bien que les ondes sonores, produites par l'émission des voyelles, soient restituées, mais comment expliquer la restitution des consonnes, c'est-à-dire de l'articulation? comment expliquer que le langage humain soit reproduit avec toutes ses nuances et sa richesse?

L'explication de ce phénomène est jusqu'à présent impossible à donner, et il faut se contenter du témoignage des sens; quelque part que l'on donne à l'imagination de celui qui écoute pour compléter volontairement ou involontairement ce qu'il peut y avoir d'un peu défectueux dans l'articulation des sons, cette part ne peut être que très-petite, et l'articulation existe. Il ne nous semble pas inutile, pour faire comprendre encore mieux l'étonnante découverte d'Edison, de résumer en quelques mots la théorie de Helmholtz sur la production des voyelles. On verra par là que, si leur reproduction est compréhensible, la reproduction des consonnes, c'est-à-dire du passage d'une voyelle à une autre, passage qui s'opère dans des conditions physiques spéciales dont la trace semble théoriquement impossible à fixer, est un phénomène inexplicable.

« Les voyelles, dit Helmholtz, doivent être considérées comme des collections d'harmoniques différentes, et pour la valeur même de ces harmoniques et pour leur intensité relative, et l'on n'ignore pas que ces variations sont produites par une disposition de l'appareil buccal particulier à chaque voyelle.

Les ligaments vocaux agissent à la façon de deux lèvres membraneuses qui, en se fermant et en s'entr'ouvrant rapidement, produisent un son, et la chambre résonnante de la bouche ne fait qu'enfler les notes chantées par le larynx.

La glotte est l'anche, la bouche le résonnateur. Il est impossible d'imaginer un appareil plus ingénieux, qui montre mieux à quel point les œuvres de la vie dépassent toujours celles de l'industrie humaine.

Tandis que la glotte frémissante chante sur tous les tons de l'échelle musicale, la bouche et la langue docilement se contractent, s'enflent, se creusent, se modèlent de façon à faire résonner inégalement les harmoniques et à donner ainsi au ton total les timbres les plus différents.

A ces timbres, bien autrement distincts que ceux qu'on obtient par des artifices divers du même instrument de musique, on donne le nom de voyelles.

Tel chœur d'harmoniques est *a*, tel autre *o*, un troisième *i*.

Mais la production des consonnes, c'est-à-dire de l'articulation, est toute différente. Ce sont les divers mouvements de la langue sur le palais et contre les dents, qui coupent pour ainsi dire les chœurs d'harmoniques dont sont formées les voyelles, et qui, en même temps qu'ils impriment plus ou moins de force à l'émission de ces voyelles, les enveloppent pour ainsi dire dans un engrenage mécanique qui leur donne les inflexions et les intonations si diverses qui donnent à la voix ou sa douceur ou sa rudesse, et qui amène les différences de timbre et de prononciation. »

Il n'y a donc pas d'ondes sonores émises par la production des consonnes et on ne peut s'expliquer par quel mécanisme elles s'impriment sur la feuille du phonographe et parviennent, par suite de cette impression, à être reproduites et à opérer sur l'appareil comme elles opèrent dans la bouche.

C'est jusqu'à présent un mystère qui sera peut-être un jour expliqué.

Il n'y a qu'à s'incliner devant l'évidence, et à admirer les merveilles de la nature.

Il était naturel, en présence des résultats étonnants du phonographe, de voir se répandre immédiatement un nombre considérable d'erreurs et de préjugés, non-seulement quant à la construction de l'appareil, mais encore au sujet du principe théorique qui en est la base.

Pour la construction, les uns confondaient le phonographe avec la machine parlante, qui n'a rien de commun avec le phonographe, non-seulement pour la forme extérieure, mais encore pour le principe et les résultats ; d'autres croyaient que le phonographe était un soufflet qui rendait avec plus de force le son de la voix.

L'erreur la plus répandue et que nous vons entendu émettre plus de cent fois

devant nous est celle qui consiste à croire
que par un procédé quelconque on peut
faire pénétrer la voix dans le cylindre sur
lequel est placée la feuille d'étain, et en
quelque sorte *emmagasiner* la voix, de
façon à la faire sortir de l'intérieur du
cylindre à un moment donné.

Ceux qui sont tombés dans cette erreur
n'ont pas réfléchi une seconde à l'impossibilité du fait. En supposant que l'on pût
introduire dans un cylindre creux les diverses ondes sonores émises par la bouche
en prononçant une phrase, il faudrait
pour ainsi dire pouvoir solidifier chacune
de ces ondes afin de pouvoir les conserver dans le cylindre, et les conserver su-
perposées dans l'ordre de leur émission.
Cela une fois fait, pour entendre répéter
la phrase, il faudrait pouvoir rendre ces
ondes à leur état primitif et les faire sortir
au fur et à mesure du cylindre pour se
répandre dans l'air et produire les sons.

Ce qui rappellerait étonnamment l'a-
venture de Pantagruel qui, se trouvant au
pôle nord sur le tillac d'un bâtiment, en-

tendit tout à coup des paroles et des cris. Ces cris, au commencement de l'hiver précédent, avaient été prononcés dans une grande bataille entre les Arimaspiens et les Rephelebates. La rigueur de l'hiver passée, elles fondaient et étaient ouïes.

Encore fallait-il supposer qu'elles dégelaient dans l'ordre de leur émission, sans quoi cela n'aurait produit que des sons confus et sans valeur.

Sans entrer d'ailleurs dans de plus amples détails sur l'impossibilité matérielle d'arriver à un pareil résultat, un seul fait met à néant toutes ces suppositions. Quand bien même on arriverait à ce résultat de solidifier la parole et de la faire ressortir dégelée pour ainsi dire du cylindre, le phénomène ne pourrait se produire qu'une seule fois. Dès que la phrase serait sortie de sa prison de métal, elle se répandrait dans l'air, et bien habile serait celui qui pourrait aller recueillir les diverses ondes sonores dont elle se compose pour les solidifier de nouveau et les replacer en ordre dans le cylindre.

Or, avec le phonographe, ce n'est pas une fois que la phrase peut être répétée ; c'est cent fois, c'est mille fois, c'est indéfiniment, tant que la feuille où sont gravées les vibrations du stylet n'a pas été détruite, tant que le stylet repasse sur ces vibrations.

Ce n'est donc pas la voix qui est emmagasinée, ce sont les vibrations de cette voix qui sont gravées sur le métal et qui subsisteront autant que lui.

Nous croyons avoir suffisamment démontré combien était grande l'erreur touchant l'emmagasinement de la voix, et nous ne nous arrêterons même pas à relever les plaisanteries de mauvais goût qui ont été faites sur le phonographe. D'aucuns ont prétendu que la restitution de la voix était due au phénomène si connu de la ventriloquie, et que l'opérateur était un ventriloque très-habile.

Il est évident, pour tout homme sérieux et intelligent, que ces plaisanterie ne peuvent être que le fait de gens animés de sentiments hostiles au... progrès et à son inventeur, ou bien, n'ayant pu comprendre les explications pourtant bien claires qui ont été données de l'appareil et de sa théorie, ont préféré se poser en sceptiques, plutôt que d'avouer leur peu d'intelligence et leur ignorance profonde.

La pénétration par le stylet de la feuille d'étain est plus ou moins profonde, nous l'avons dit, suivant que l'intensité de la vibration est plus ou moins grande, mais cette pénétration est excessivement faible; et quant à la différence qui existe entre les divers petits points, on ne peut l'apprécier qu'à la loupe. Néanmoins on peut, dès à présent, supposer qu'on arrivera à reproduire une feuille de métal chargée des impressions d'un stylet par le procédé galvanoplastique, en sorte qu'une fois la phrase ou le discours prononcés sur un phonographe, on n'aura plus, pour le répandre à profusion, qu'à tirer un nombre quelconque d'exemplaires.

Pour les discours officiels du chef de l'État, pour une proclamation quelconque émanant du gouvernement, au lieu d'avoir recours à l'Imprimerie Nationale pour faire imprimer le discours, on n'aura plus qu'à le faire reproduire par la galvano plastie et à l'envoyer à toutes les communes, munies, au préalable, d'un phonographe officiel et contrôlé.

Le maire fera tourner l'appareil et la population rassemblée sur la place du village entendra les accents vénérés du chef du gouvernement.

Par le même procédé on pourra conserver des stocks de morceaux de chant, des opéras entiers chantés par divers chanteurs. Grâce à un jeu complet de phonographe, il sera possible de faire reproduire l'opéra en entier, de donner des concerts en cent endroits différents, et au même instant de faire entendre les mêmes artistes dans tous ces concerts à la fois. On peut de même transposer un morceau de chant, en faisant tourner le cylindre suivant une vitesse facile à calculer.

Dans la voie que nous venons d'indiquer, l'imagination peut se donner libre carrière. Le champ est vaste, et le phonographe, encore dans l'enfance, donne de si belles espérances que l'on peut, sans être taxé d'exagération, lui prédire les destinées les plus glorieuses.

CHAPITRE III

Arrivée du phonographe à Paris. — Séance de l'Académie
des sciences. — Auditions publiques.

C'est le 10 mars 1878, que le phonographe, apporté d'Amérique par le représentant d'Édison, M. Puskas, fit sa première apparition à Paris.

Immédiatement, et comme une traînée
de poudre, le bruit de la découverte de ce
merveilleux appareil se répandit. On avait
déjà admiré le téléphone ; ce qu'on ra-
contait du phonographe stupéfia. Beaucoup haussèrent les épaules et traitèrent
l'invention de canard d'outre-mer. Cependant le monde savant se préoccupait de
la nouvelle découverte, et M. Du Moncel,
après avoir étudié l'appareil, le présenta

à l'Académie des sciences. La docte assemblée entendit le phonographe et fut convaincue.

Des applaudissements frénétiques saluèrent la répétition nette, exacte et bien timbrée de plusieurs phrases prononcées, et désormais il ne fut plus permis de traiter le phonographe de ventriloque. Il avait conquis son rang et un des premiers parmi les merveilleuses découvertes de la science moderne. Le succès du phonographe allait marcher en grandissant de jour en jour.

C'est qu'on en a bien gardé la date de cette séance à l'Académie, car elle fut mémorable et sans précédente dans les annales scientifiques. On se précipitait pêle-mêle vers l'appareil, aussi bien le public que les académiciens ; et, pendant quelques minutes, ce ne fut plus dans toute la salle qu'une immense acclamation. L'Académie était émerveillée lorsqu'une petite rumeur parcourut l'auditoire ; des bruits circulèrent parmi lesquels on put débrouiller ces paroles

qu'avaient dites deux académiciens :
« C'est un ventriloque. »

Il faut venir en France pour entendre,
jusque dans un milieu de savants, en
pleine Académie, de telles réflexions.

L'appareil était encore entouré de
l'assistance entière lorsqu'un académi-
cien, M. Faye, indigné de ce pêle-mêle
des curieux et des savants, s'écria : « Monsieur le Président ! faites donc déblayer
la tribune ! » Ce fut une séance sans
exemple, on le voit, dans les fastes un
peu monotones de notre Académie des
sciences. Le succès transpira au dehors,
et ce fut une véritable ovation quand on
annonça des expériences du phonographe à la Société des ingénieurs, à la
Société de physique, au cours de M. Ja-
nin à la Sorbonne, etc.

Ces ovations faites à l'appareil et à son
inventeur frappèrent le maréchal de
Mac-Mahon, qui manifesta le désir de
voir le phonographe, et complimenta le
représentant d'Edison. Il se forma bientôt une société pour l'expérimentation

publique. La curiosité était trop vive pour qu'on n'accédât point au désir des Parisiens. Après les grandes académies ce fut le tour des particuliers ; tous les salons du faubourg Saint-Germain reprirent à l'unisson les bravos qu'avait recueillis le phonographe, sur son passage, à travers ses pérégrinations parisiennes. Le Jockey-Club l'écouta une soirée, devant tous ses membres assemblés ; le prince de Galles assistait à l'expérience. Une fièvre de voir et de savoir gagna tout le public parisien, et on eut l'idée d'instituer à la salle des Conférences, au boulevard des Capucines, les expériences publiques dont nous parlons.

La première soirée fut consacrée à la presse, plusieurs chanteurs y assistaient et firent de curieuses expériences, toutes concluantes et à l'honneur du phonographe.

On avait adapté à l'appareil deux cornets acoustiques, et un duo fut fort bien rendu, malgré quelques inégalités de ton que nous avons fait comprendre dans un précédent chapitre, et provenant de la manivelle à main. Prenez une note ; le *la* par exemple. On sait que le *la* normal répond à 870 vibrations à la seconde ; si l'on tourne la manivelle avec une vitesse toujours égale, il s'ensuivra que les notes sortiront toujours justes ; mais comme la main n'est pas d'une exactitude absolument vraie, si l'on arrive à ce *la* en tournant une fois plus vite, on fera justement ces 870 vibrations en une demi-seconde, soit par seconde 1740 vibrations ; c'est ce qui produit les inégalités.

A l'heure où paraîtra ce livre, on aura, nous l'avons dit, remédié à cet inconvénient, en établissant le mouvement d'horlogerie comme force motrice.

On fit, au cours de ces séances, une expérience découlant directement des deux derniers appareils d'Edison. On mit le téléphone en contact avec le phonographe, et une personne placée à une grande distance put entendre le phonographe parler fort distinctement. D'ailleurs, de la fusion des deux appareils sortiront de grandes choses. Cham, le caricaturiste parisien, se mit à dessiner sans relâche, et à célébrer le phonographe sous toutes ses formes.

La France entière voulut connaître l'invention américaine, et une école de phonographe fut instituée à la salle des Conférences pour former des expérimentateurs.

A l'heure où nous écrivons, tout est prêt pour le départ de ces professeurs. De sa maison de Menlo-Park, Edison doit être content.

Au reste, quelle autorité pourrions-nous invoquer, plus compétente que celle du critique bien connu, M. Francisque Sarcey ? Voici ce qu'il écrivait le lendemain de l'inauguration des expériences de la salle des Capucines, dans le journal *le Temps :*

« En fait de première représentation, il n'y en a guère eu de plus curieuse que celle qui nous a été donnée cette semaine par les personnes qui nous ont produit à la salle du boulevard des Capucines le *phonographe* d'Edison. Il va sans dire que je n'ai pas ici à m'occuper de cette invention nouvelle au point de vue scientifique. Si j'en parle, c'est que par un côté, le seul qui doive nous intéresser dans ce feuilleton, elle touche aux questions d'art dramatique que nous traitons d'ordinaire.

C'est toujours une chose assez difficile de faire comprendre aux jeunes gens du monde ce que c'est qu'une bonne articulation, et l'importance extrême qu'y attachent tous ceux qui se piquent, soit de dire, soit de chanter. Quand on n'a pas l'attention spécialement tournée vers les choses de la déclamation, on ne saisit que les différences extrêmes. On s'aperçoit aisément qu'un bredouilleur mange la moitié des mots; et de même on rend justice à la diction nette, cadencée et quelque peu chantante d'un Delaunay. Mais il est rare que dans le commerce de la vie ou même au théâtre, les dissemblances soient aussi fortement marquées.

« Une foule de gens ont l'articulation peu nette, qui ne sentent pas eux-mêmes ce défaut, et qui n'en incommodent pas les autres. Car il arrive presque toujours que notre oreille supplée aux sons qui n'ont pas été nettement exprimés et les rétablit par un travail inconscient. Quand vous lisez rapidement un livre imprimé, et que par hasard une lettre manque ou même un mot dont le remplacement soit indiqué par le sens de la phrase, le plus souvent vous ne vous apercevez pas de cette suppression. Et cela est si vrai, que les bons correcteurs ont une peine infinie à se donner ce qu'on appelle, en argot du métier, *l'œil typographique*.

L'œil typographique est celui qui court à la faute et qui s'y arrête. Eh bien, il en va de même pour le discours parlé que pour l'impression. Il n'y a que certaines oreilles qui soient frappées de l'absence ou de l'indécision de certains sons mal articulés.

« Quant à ceux qui les ont émis, ils ne se doutent jamais du reproche qu'on leur peut adresser. Si tout le monde les entend, à plus forte raison s'entendent-ils eux-mêmes. Ils sont stupéfaits, quand un professeur exercé les avertit qu'ils prononcent indistinctement ou qu'ils mangent une syllabe.

« On les convainc encore aisément quand il ne s'agit que de l'émission de la voix. On arrive à leur faire sentir qu'ils donnent à telle voyelle un son ou trop plein, ou trop grave, ou trop flûté. Mais l'articulation porte sur les consonnes, et, à moins que le défaut ne soit saillant, comme ceux qui ont reçu un nom spécial, le zézaiement, par exemple, comment faire sentir à quelqu'un qu'il escamote les *b*, ou qu'il ne donne pas aux *c* toute leur valeur?

« Dans un mot il y a toujours une ou deux syllabes, qui en sont pour ainsi dire l'ossature. L'homme qui sait articuler les détache toujours, par un travail que l'habitude lui a rendu facile. On dit qu'il n'y a pas d'accent dans la langue française, cette assertion n'est vraie qu'à demi. L'accent n'est certes pas aussi marqué chez nous qu'il peut l'être dans l'anglais ou dans l'italien. Il n'en existe pas moins pour une oreille sensible ; et toute personne qui n'en tient pas compte s'expose à altérer la physionomie des mots, en effaçant ces points de repère.

« Le phonographe sera un merveilleux instrument de précision, pour montrer aux artistes ou même aux gens du monde ce que c'est qu'une bonne, qu'une médiocre ou même qu'une mauvaise articulation.

« Vous savez tous déjà que ce nouvel engin, par des procédés dans lesquels je n'ai pas à entrer pour mon compte, renvoie toute phrase qui a été prononcée devant lui avec l'accentuation qui lui a été donnée, et que l'imitation va jusqu'à la reproduction exacte du timbre de la voix. C'est une photographie de la parole et du chant, et elle a l'implacable fidélité et la parfaite inconscience de la photographie ordinaire.

« Eh bien, rien n'est plus curieux que d'entendre sortir de l'instrument une phrase qui lui a été confiée dans un état de mauvaise articulation. Quand vous l'aviez écoutée s'échappant des lèvres de la personne qui la prononçait, vous vous étiez à peine aperçu du défaut ; peut-être, si vous aviez l'habitude de ces remarques, aviez-vous observé l'allure quelque peu rapide et brouillée de trois ou quatre mots, que vous aviez immédiatement rétablis par la pensée.

« Le phonographe reprend la phrase de sa voix légèrement caverneuse. Tout ce qui a été précisément, nettement articulé, il le reproduit d'un contour exact et ferme. Mais aussitôt qu'il arrive aux mots douteux, on ne perçoit plus que des vibrations incertaines et confuses. On tressaille ; on se dit tout de suite : Tiens ! c'est vrai, je n'avais pas entendu le mot ; c'est moi qui l'avais remis dans la phrase, entraîné par le mouvement de la pensée, mais il n'était pas parvenu en son entier à mon oreille.

« Je n'ai encore assisté qu'à un petit nombre d'expériences, mais je suis déjà convaincu que le phonographe aura son emploi, et un emploi très-utile, comme engin d'éducation dans nos conservatoires. L'instrument, quand il aura reçu les perfectionnements qu'on est en train de lui chercher, sera d'un maniement facile ; j'imagine qu'il ne coûtera pas fort cher ; les artistes en auront un chez eux pour s'entendre parler, et juger eux-mêmes de la façon dont ils articulent. »

CHAPITRE IV

Edison est l'un des hommes les plus étonnants du siècle scientifique dans lequel nous vivons. Il est âgé de trente et un ans seulement ; il a peu suivi le cours des colléges, comme son compatriote Franklin, il n'a pas fait d'études spéciales ; sa première éducation date de l'école de son village. Edison est d'une extraction modeste. Dès le jeune âge, par exemple, il a travaillé.

Au sortir de l'école, il entra comme employé dans les télégraphes ; la mécanique l'attirait. Sa première invention fut suivie d'une seconde, puis de vingt autres, puis de cent, de cent cinquante. Du jour où il a manipulé un appareil Morse, cet homme extraordinaire a inventé sans relâche.

A vingt-cinq lieues environ de New York, à Menlo-Park (New Jersey), s'élève une habitation, rappelant par la forme les chalets suisses. Elle est entourée d'un immense jardin, à l'extrémité duquel se trouve un bâtiment qui sert de laboratoire en même temps que d'usine à Edison.

De loin, en apercevant cette habitation bizarre, au-dessus de laquelle courent des fils télégraphiques, on dirait qu'une vaste toile d'araignée est suspendue dans les airs.

Nous allons d'abord visiter le laboratoire.

Une pièce de grande dimension, bien éclairée. Poulies partout : courroies, établis, etc. L'équipe compte cinq ouvriers seulement, malgré le grand nombre qu'on pourrait y placer. Mais Edison veut surtout que ses secrets ne transpirent pas au dehors, et dans ce but s'est assuré le concours et le dévouement de ces cinq travailleurs. Leur salaire est, du reste, pour chacun de 100 dollars par semaine, ou 500 francs, ce qui fait un total mensuel de 2,000 francs. A ce prix on ne doit pas craindre une indiscrétion. Aussi sont-ils fort attachés à la personne d'Édison ; et comme ce sont gens de talent dans leur art, ils l'estiment encore plus pour son génie sans doute, que pour son argent.

Le travail est continu, dans le laboratoire. Celui-ci, installé devant une machine avec ses grandes roues et ses courroies de transmission, passe à la filière un fil télégraphique, cet autre encore prépare des appareils. Rien ne sort de l'usine d'Edison que bien terminé.

Un détail sur Edison et son laboratoire.

Le visiteur est frappé de la nature de certains instruments qui s'y trouvent en ce moment. Ce sont, pêle-mêle et sans aucune distinction, des lentilles, grosses, petites, des verres, des miroirs convexes et concaves, des lunettes d'approche, et de grands télescopes. Le savant possède en outre certaines substances dont la propriété est peu connue et sur lesquelles il fonde de grands espoirs. Avec un tel homme il faut s'attendre à tout, même à ce qui nous paraîtra contre nature.

L'écriture d'Edison est large, nette, et décèle un esprit opiniâtre, résolu.

Quant à lui, c'est un bon homme, et qu'en voyant pour la première fois on ne prendrait pas pour le plus grand esprit mécanique de ce temps. C'est le propre des célébrités de ne pas vouloir paraître. Edison est ordinairement enveloppé d'une robe de chambre peu luxueuse. Dans le pays on l'appelle du sobriquet de « maréchal ferrant ».

Il est doux et affable, et avec cela bon époux et bon père, comme le veut la sagesse des nations.

Il vit avec sa femme et ses deux enfants et, particularité remarquable digne d'un esprit excentrique, voici où il a pris les noms de ces derniers :

Tout le monde connaît l'appareil télégraphique de Morse. Contrairement à l'appareil de Bréguet qui marque les lettres sur un cadran, celui-ci possède un alphabet entièrement composé de points et de tirets. En anglais le point s'appelle *dot*, et le tiret *dash*. Et voilà les deux noms trouvés : le fils d'Edison s'appelle Dot ; sa fille Dash. Il faut avouer qu'on ne peut pas être plus pratique.

Dans ce petit cottage, entre sa femme et ses enfants, Edison mène une vie très-retirée. Il reçoit cependant des visiteurs, et, quoique très-affable, son plus grand bonheur serait, je crois, de ne voir personne. On le comprend de reste. Depuis la première découverte qu'il a faite, Edison a été glorifié dans ce pays où l'on s'engoue de tout, sous toutes les formes. Il a reçu des troupes de journalistes, d'écrivains, de fonctionnaires.

Ceux-ci, émerveillés de ses inventions, l'ont beaucoup flatté, et ce qui aurait certainement grisé un Français, n'a pas manqué de laisser impassible cet Américain. A mesure que ces visites se renou-

velaient, elles devenaient u n ennui pour
Edison. Néanmoins comme la curiosité
sait triompher de tout, en Amérique
comme en France, on a continué d'aller
le voir et l'on continue à courir à Menlo-
Park, N. I, voir « the papa of the phono-
graph ».

Edison est matérialiste. il est ce qu'on
appelle en Amérique « athée ». Il nie l'i-
dée première de la Divinité ; en style d'é-
cole, il nie les causes premières.

On attribue à Edison une très-grande
fortune. Il a environ 500,000 francs de
rentes, dont une grande partie est réser-
vée à ses inventions. Il existe à New
York une Société, qui profite d'une moitié de ses découvertes, et qui lui fournit
en échange une rente de 50,000 francs,
c'est-à-dire qu'elle le paye — qu'il in-
vente ou non. Edison a encore 50 p. 100
sur le produit de chacune de ses inventions.

Bien qu'il semble dédaigner l'opinion
de ses compatriotes ou plutôt parce qu'il
est sûr du succès chez eux, Edison est

flatté, croyons-nous, de l'appréciation de la France. Il tient essentiellement à l'opinion de nos savants français. En ce moment, il est ingénieur des lignes télégraphiques de Western Union. C'est cette ligne qui relie entre eux tous les réseaux télégraphiques des États-Unis, depuis la Californie jusqu'à New York et Boston.

Il est facile de comprendre qu'un homme qui a doté l'Amérique d'un si grand nombre de découvertes, soit très-populaire dans son pays. Parmi les plus grands propagateurs du nom d'Edison, il convient de citer ces *news papers* américains qui font tant de choses là-bas. Tous les journaux s'occupent d'Edison, tous pour faire son éloge, car il a de l'autre côté de la mer peu de critiques. Il n'est pas rare de voir chaque semaine des journaux publier sur lui de longs articles, d'autres graver son portrait, la vue de sa maison ou celle de son laboratoire.

Voici l'un de ces articles. Il est curieux, avec ses titres et sous-titres, à la mode yankee. C'est le *World* qui l'a publié en

Amérique, et le *Figaro* qui l'a traduit et reproduit à Paris :

CET ÉTONNANT EDISON

—

PERFECTIONNEMENT DU PHONOGRAPHE
AU DELA DE LA FANTAISIE
LA PLUS ÉCHEVELEE

—

PROMETTANT L'EXÉCUTION COMPLÈTE D'UN OPÉRA
SANS PARLER D'UN ROMAN
DE 500 PAGES

« Hier matin, un reporter du *World* a été voir le professeur Edison à son laboretoire de Menlo-Park. Après l'échange des compliments d'usage, le reporter demanda : « Comment va le phonographe aujourd'hui, monsieur Edison ? — Oh ! à peu près comme d'habitude, » fut la ré- « ponse, « mais venez le lui demander. »

« Le reporter suivit M. Edison dans une chambre à l'étage supérieur, où le phonographe était posé sur une table, et, pendant que le cylindre tournait lentement, il lui cria plaisamment : « Comment allez-vous? » Alors on fit marcher le cylindre à rebours et on le tourna de nouveau, et le phonographe cria sur le même ton enjoué dont s'était servi le reporter : « Comment allez-vous ? »

« M. Edison s'assit devant son invention favorite; il parla, gronda, chanta et siffla devant le cylindre pendant quelque temps, recevant les réponses, sérieuses ou plaisantes, suivant le cas. Après quelques minutes, le professeur se renversa dans son fauteuil et regarda fixement devant lui; puis il dit : — « C'est drôle après tout, pour arriver à siffler, il faut faire une grimace, mais le phonographe ne grimace pas, lui : — « Martin », criat-il, appelant un de ses ouvriers, « venez ici me chanter un air en voix de basse. »

« Une double embouchure fut placée sur le diaphragme de l'instrument, et pen-

dant que le professeur Edison chantait
« John Brown's body » (chanson popu-
laire) en voix de ténor d'un côté, Martin
s'escrimait de l'autre à chanter avec une
voix si grave qu'il n'y avait à peu près
que trois vibrations dans l'air à la minute.

— « Vous n'avez pas chanté assez fort, »
dit le professeur en tournant le cylindre
à rebours.

— « J'ai pas pu », répondit Martin,
« pincer la note juste à c't heure. Mais
nous avons rudement tapé dans l'mille
l'aut'jour. »

« On tourna alors le cran, et la chanson fut chantée par le phonographe avec
une note de basse profonde cherchant de
temps en temps à se faire jour. M. Edison crut pouvoir améliorer l'exécution,
et il rechanta la chanson en solo à la
même feuille de papier. Quand le cylindre fut mis en mouvement, cette fois,
l'air éclata avec vigueur, détonnant une
ou deux fois aux endroits où une note
avait été ratée dans la seconde audition
du morceau.

« M. Edison se reposa alors, et le reporter parcourut des yeux les recoins de la
chambre, du plafond au parquet. Au-
dessus de sa tête, il y avait un treillis de
fils télégraphiques, ressemblant à une
énorme toile d'araignée, et aboutissant
tous à une grande batterie placée au centre de la pièce.

— « Vous servez-vous de tous ces fils ? »
demanda le reporter.

— « Oh! oui, » fut la réponse.

— « Pourquoi avez-vous cet orgue, là,
dans le coin ? »

— « Pour conserver le son. »

— « Quel est cet objet là-bas? »

— « Une partie de mon aérophone. »

— « Quel est cet autre objet, auquel
travaille cet homme? »

— « Un instrument pour reproduire
l'écriture. Je pense que ce sera bientôt
terminé. »

— « Qu'est-ce que c'est que cette plaque ronde ? »

— « Oh! ça, c'est pour faire les com-
missions ! »

« Le reporter se mit alors à faire une promenade autour de la chambre. Il y avait des milliers de bouteilles petites et grandes, pleines de produits chimiques, des drogues et des huiles, rangées sur des tablettes le long des murs.

— « Dans quel but avez-vous ici une boutique d'apothicaire en gros, monsieur Edison ? » demanda le reporter.

— « Voyez-vous, répondit le professeur, j'ai là toutes ces choses, ne sachant pas le moment précis où je puis en avoir besoin. Toutes les fois que je vois un produit ou une drogue nouvelle quelconque annoncés, je les achète, n'importe à quel prix. — Tenez, voici quelque chose que j'ai composé ; » et il tendit au reporter un flacon plein d'un liquide transparent, d'une couleur jaune paille.

— « Ça, c'est composé de morphine, de chloral, de chloroforme, de nitrate, de casse et de clous de girofle. Ces différents produits n'ont aucune action chimique les uns sur les autres, et ils couperont net n'importe quelle douleur. »

« Pendant tout ce temps, le récepteur télégraphique, placé à l'autre bout de la chambre, n'avait pas cessé de tinter à la réception des dépêches passant par le fil. Tout à coup il y eut un léger changement dans le tintement, et M. Edison, quoique un peu sourd, s'apercevant instantanément du changement, courut à l'instrument et reçut à l'oreille un message qui lui était destiné.

« Quand il l'eut *lu*, de cette façon, il dit :

— « Il paraît que le professeur Bartlett, de l'Université de Pensylvanie, va bientôt faire une conférence, dont la moitié sera parlée devant le phonographe. Alors j'attacherai l'instrument au téléphone et j'enverrai la conférence à Philadelphie. Je viens, continua-t-il, de recevoir une lettre m'apprenant que le phonographe a été montré à l'Académie française, et que tous en ont été enchantés. M. Hervey, l'électricien, m'a envoyé ses félicitations. »

— « Qu'avez-vous l'intention de publier ? » demanda le reporter.

— « De la musique, des romans, de la littérature en général. Nous phonographierons les concerts des orchestres d'instruments en cuivre et à vent, avec les solos instrumentaux et vocaux, et même les chansons. Les feuilles portant l'impression du son de cette musique seront enlevées du phonographe, et reproduites par un procédé électrique.

— « Que coûtera une feuille de musique de cette espèce? »

— « Environ 25 cents » (1 fr. 25 c.).

— « Mais comment vous y prendrez-vous lorsqu'il s'agira d'un orchestre? »

— « Le phonographe sera attaché à un trou placé au bout d'un baril ; à l'autre bout, il y aura un entonnoir comme ceux dont on se sert pour la ventilation des bateaux à vapeur. Cet entonnoir recevra la musique de l'orchestre entier, mais naturellement ne la reproduira pas dans toute sa sonorité. Le son du piano sera pris par un capuchon placé sur l'instrument, et l'intensité de la reproduction s'élèvera environ à un quart du son produit par l'instrument.

— « Comment vous y prendrez-vous pour la littérature ? » demanda le reporter.

— « Nous calculons qu'un roman ordinaire de 50 cents (2 fr. 50 c.) peut trouver place là-dessus, » dit M. Edison en frappant sur la plaque ronde qui avait un diamètre d'environ 15 centimètres. Les romans et la littérature de valeur seront lus au phonographe par un professeur d'élocution et des gens comprenant les sujets traités, et on multipliera les feuilles par le procédé électrique comme pour la musique. Vous voyez donc que vous pouvez avoir dans votre salon un phonographe avec un casier contenant un album de matières phonographiques triées sur le volet. Vous pouvez prendre un feuillet dans l'album, le placer dans le phonographe et écouter une symphonie, en n'ayant qu'à faire marcher le mouvement d'horlogerie. Ensuite, changeant le feuillet, vous pouvez écouter un ou deux chapitres d'un roman favori, et le tout peut être suivi par l'audition d'une chanson, d'un duo, ou d'un quatuor. Pour finir, vous pouvez offrir à la jeunesse une valse, à laquelle tout le monde pourra se joindre, car on n'aura plus à demander à personne de jouer de la musique de danse. Vous pouvez aisément voir, continua le professeur, de quel avantage sera le phonographe pour les aveugles ; et, ma foi, j'ai déjà reçu une centaine de commandes de personnes dans cet état.

— « Sous certains rapports, le phonographe sera une vraie bénédiction pour des personnes atteintes physiquement ! suggéra le reporter.

— « Oui, et pour les personnes industrieuses aussi, répondit M. Edison. Par exemple, un avocat n'a qu'à prononcer devant le phonographe une plaidoirie comme il entend la faire et, en faisant répéter l'instrument, il pourra se rendre compte de l'effet qui sera produit sur la cour et le jury. Puis il y a beaucoup d'hommes qui parlent mieux qu'ils n'écrivent. Ils peuvent, en conséquence, parler au phonographe, s'arrêter à loisir et attendre l'inspiration, et alors ils peuvent mettre une autre personne à copier leur production pendant que le phonographe la répète.

« — Maintenant », continua M. Edison, en faisant entendre un rire satisfait, « l'amoureux, pendant que l'objet aimé achève sa toilette, peut faire dire au phonographe *une feuille* des jolies choses qu'elle lui a dites précédemment, et se procurer ainsi le plaisir qu'il eût goûté en sa présence.

— « Que coûtera un phonographe ?

— « Environ cent dollars. Il y aura des instruments d'un fini supérieur, richement décorés.

— « Parlons un peu de l'aérophone, dit le reporter.

— « Oh ! je n'ai pas le temps de m'occuper de cela, répondit M. Edison. Je suis tellement pris par le phonographe. L'aérophone est très-simple. Ce n'est pas un instrument qui exige un clavier et des notes différentes. Il n'a qu'une seule note, et la formation des mots se produit par les vibrations sous l'action de la vapeur.

— « Qu'est-ce que tout cela ? » demanda le reporter, découvrant pour la première fois une vitrine pleine d'objets d'un aspect étrange.

— « Ce sont des pièces et des morceaux, » fut la réponse, « je n'en suis pas encore à eux. »

« En ce moment le reporter était convaincu que, si M. Edison avait le temps, il trouverait l'emploi de n'importe quoi, quelque simple que ce fût.

« Le reporter allait poser une nouvelle question, quand il s'aperçut que M. Edison avait disparu.

— « Il s'est formalisé d'avoir été tellement questionné, pensa le reporter, et il s'est éclipsé. »

« Mais c'était une erreur. M. Edison revint au bout de quelques instants, suivi par un homme porteur d'un grand plateau. Le plateau fut placé sur une table, et lorsqu'on retira la serviette qui le recouvrait, un excellent lunch fit son apparition.

— « Sus là-dessus, » dit M. Edison.

« Les recherches scientifiques s'arrêtè-
rent là. »

N'est-ce pas là, vraiment, un homme
bien curieux.

CHAPITRE V

Aux États-Unis, Edison est connu depuis longtemps, nous l'avons dit, par la prodigieuse fécondité de son génie inventif, et une juste considération est attachée à son nom.

Parmi ses découvertes les plus intéressantes, et qui ont reçu une application pratique d'une utilité incontestable, se place en première ligne, par ordre de date, Le stock-telegraph.

Le stock-telegraph est un appareil télégraphique, ainsi que son nom l'indique, qui, plus rapidement que le télégraphe Morse, en usage en Europe, transmet les nombres. On s'en sert spécialement pour faire connaître aux différentes villes de commerce des États-Unis les cours des halles et des marchés.

Vient ensuite le quadruplex-telegraph, autre appareil qui permet de transmettre quatre dépêches à la fois par le même fil. C'est l'appareil récepteur au lieu de destination qui se charge de démêler automatiquement les quatre dépêches enchevêtrées et de les reconstituer distinctes et séparées.

Pour la transmission rapide des dépêches on voit de quelle énorme utilité pratique est cet appareil.

L'electro-motograph est au point de vue théorique une des découvertes les plus importantes d'Edison. On sait que le télégraphe Morse et basé sur une des applications du magnétisme ; chaque fois que le courant magnétique est rétabli au moyen du contact avec l'électro-aimant d'un levier placé au point d'expédition, un stylet imprime au lieu de réception sur

une bande de papier une série de points
ou de traits suivant que le contact est plus
ou moins prolongé. Ces traits ou ces points,
ces derniers suivant leur longueur, corres-
pondent aux différentes lettre de l'alphabet et constituent la phrase. L'electro-
motograph fonctionne sans magnétisme,
au moyen d'une combinaison chimique.
En frottant avec le produit de cette combinaison une bande de papier, on obtient
un dégagement d'électricité qui se fait
sentir à la station de réception. Par un
frottement plus ou moins prolongé, on
réalise, comme dans le Morse, une série
de points et de traits correspondant
aussi aux différentes lettres de l'alphabet.

Cette découverte n'offre point une très-
grande importance, puisque les résultats
obtenus par l'appareil Morse sont aussi
bons que ceux de l'electro-motograph;
mais scientifiquement il est intéressant
de pouvoir démontrer que les courants
peuvent être obtenus sans le secours
d'un électro-aimant.

La plume électrique repose sur une

application du principe de Faraday relatif aux courants d'induction. L'appareil se compose d'une pile reliée à deux électro-aimants. Une tige métallique pointue enmanchée dans une sorte de porte-crayon est mise en mouvement par le courant électrique au moyen d'un petit arbre de couche et d'un excentrique. Le courant n'est pas continu, il est intermittent grâce à une disposition particulière de l'appareil. Ce sont les sommets de trois petits cônes qui dans l'espace d'une révolution à l'excentrique viennent se mettre en contact avec l'aimant et rétablir le courant. Par conséquent si on prend en main le porte-crayon armé de cette tige métallique mobile, et qu'on s'en serve pour écrire comme d'une plume ordinaire, en ayant cependant soin de la tenir perpendiculaire au papier, la phrase écrite se trouvera formée par des lettres tracées en pointillés également distants les uns des autres et qui ne les détachent pas du papier. Une fois la phrase écrite ou le dessin produit, on n'a qu à prendre la feuille blanche et, au moyen d'un rouleau enduit d'encre grasse, de l'imprimer sur cette seconde feuille.

L'opération peut se répéter indéfiniment.

Il est évident que pour les négociants qui ont souvent à envoyer un grand nombre de circulaires semblables les unes aux autres, si on a expédié des modèles de dessin, la plume électrique peut être d'un grand secours, non-seulement au point de vue de la rapidité de l'exécution, mais encore à celui de l'économie à réaliser sur le prix de revient, souvent élevé, d'une impression lithographique. Il est à remarquer d'ailleurs que l'on peut se servir pour la plume électrique d'un papier transparent, quelque mince qu'il soit, en sorte que rien n'est plus facile que de calquer les dessins, et que l'on peut ainsi les répandre très-rapidement à *profusion*.

CHAPITRE VI

Une des dernières et des plus précieuses inventions de M. Edison est l'Aérophone.

L'aérophone est un appareil qui permet de donner à la voix humaine une intensité 500 fois supérieure à son intensité normale, de telle façon qu'en parlant dans cet appareil, on pourra se faire entendre à une distance de deux lieues.

Tout le monde a pu remarquer que, lorsqu'on parle dans un courant d'air, la voix augmente d'intensité. C'est à l'aide de cette remarque et d'une application des plaques vibrantes que M. Edison a construit l'aérophone. L'appareil se

compose d'un tuyau cylindrique muni
d'une embouchure perpendiculaire au cylindre et garni de deux plaques vibrantes.
Chaque émission d'onde sonore et parcon-
séquent chaque vibration de la plaque est
contrôlée par une émission simultanée
d'air comprimé lequel se trouve renfermé
dans une petite boîte placée derrière l'appareil. M. Edison n'ayant pas encore envoyé en France un modèle de l'instrument, il nous est impossible d'entrer
dans de plus amples détails sur sa construction. Étant donnée cette possibilité de
se faire entendre à deux lieues de distance, il est facile de se rendre compte
de quelle énorme importance est l'aérophone.

Sur un chemin de fer, par exemple,
un accident vient-il à se produire, une ava-
rie à la machine, un effondrement de la
voie, etc., etc., le mécanicien, s'il est
pourvu d'un aérophone, peut prévenir à
une grande distance en avant de lui de
ce qui se passe. Et il le fait très-rapidement, instantanément pour ainsi dire,

puisqu'il a sous la main, emmagasinée dans sa chaudière, une grande quantité de vapeur, qui remplace l'air comprimé employé ordinairement.

Au lieu d'être obligé de se mettre en communication télégraphique avec la station la plus rapprochée, le mécanicien n'a qu'à parler dans l'aérophone en ouvrant un robinet destiné à laisser passer un jet de vapeur, et à deux lieues en avant de lui on peut entendre ce qu'il dit et envoyer des secours si besoin est, ou être averti de l'arrivée du train. Ce système de signaux avertisseurs est donc encore supérieur au système actuellement en usage sur plusieurs lignes ferrées des États-Unis et qui consiste à faire sortir à un *mille anglais* en avant du train un disque indiquant son arrivée. Le mouvement de ce disque est obtenu au moyen du rétablissement par les roues de la locomotive d'un courant électrique qui opère ainsi de mille en mille.

Avec l'aérophone, non-seulement on prévient à une plus grande distance du passage d'un train, mais encore on peut détailler les accidents survenus ou les secours nécessaires, comme nous l'avons dit plus haut.

C'est donc une véritable voix de *Stentor* que l'on entendra sortir de l'aérophone, et même en mer, par un gros temps, on pourra l'entendre et distinguer les phrases articulées à une distance considérable.

Il arrive souvent que par suite du mauvais état de la mer deux bateaux ne peuvent approcher l'un de l'autre et qu'ils se voient ainsi privés de la faculté d'échanger des correspondances, des nouvelles, etc. Avec l'aérophone cet inconvénient disparaîtra, car, quel que soit l'état de la mer, les deux bateaux pourront communiquer à distance. L'aérophone pourra de même remplacer la *sirène*, cet appareil placé sur les côtes pour signaler aux bâtiments l'approche des écueils.

Évidemment le temps fera encore découvrir une foule d'autres applications de cet instrument qui deviendra sans nul doute d'une pratique habituelle et dont le prix de revient est insignifiant.

L'aérophone, apprenons-nous au moment où nous écrivons ces lignes, va être placé dans la statue gigantesque de la Liberté, construite en France par Bartholdi, et qui sera érigée sur un îlot à l'entrée de la rade de New York.

CHAPITRE VII

Si l'on considère attentivement les résultats produits par chacun des trois instruments : téléphone, phonographe et aérophone, on s'aperçoit qu'ayant chacun un point commun qui est la plaque vibrante, il est possible d'arriver à une combinaison de leurs résultats respectifs et de les perfectionner l'un par l'autre. Nul doute que d'ici à peu de temps l'hypothèse que nous émettons ne soit réalisée.

En effet, si la plaque vibrante du phonographe est mise en communication

avec les fils d'un téléphone et qu'on puisse
arriver à accentuer suffisamment les vibrations de cette plaque pour qu'elle per-
mette au stylet placé derrière elle de
graver sur la feuille d'étain du phonographe la série de vibrations produites
par la voix humaine, il est évident qu'on
pourra parler dans le phonographe à une
distance considérable.

Premier point résolu : si maintenant on
peut arriver à augmenter, au moyen de
l'aérophone, les vibrations de la plaque du
phonographe, lorsque ces vibrations sont
restituées par l'appareil, non-seulement
le phonographe qui, actuellement, ne
rend en volume que la moitié environ de
la voix émise en premier lieu, restituera
exactement le même volume de voix, mais
encore il pourra se faire entendre de très-
loin puisque sa sonorité pourra être
portée à 250 fois la sonorité de la voix
humaine.

Quant aux applications pratiques et réellement utiles du phonographe seul, jusqu'à présent et vu le peu de temps qui

s'est écoulé depuis sa découverte, on n'en a point trouvé.

Seul M. Francisque Sarcey, dans un article fort bien fait que nous avons cité, a le premier démontré que le phonographe était un merveilleux professeur d'articulation.

En effet, il arrive bien souvent que l'on ne prononce pas bien distinctement certaines syllabes finales ou même qu'on ne les prononce pas du tout. Seulement la personne qui entend cette prononciation défectueuse n'y prend pas garde, la plupart du temps : par une gymnastique habituelle de l'esprit, qui est commune à tout le monde, elle reconstitue machinalement et inconsciemment la syllabe manquant. C'est pour la parole ce qui arrive pour l'écriture. On forme à peine les mots ou bien dans un livre quelquefois une lettre est oubliée. On n'y fait pas attention et on lit couramment.

Le phonographe n'a pas de ces complaisances. Il ne restitue que ce qui lui est donné, et tel ou tel de nos acteurs ne

ferait pas mal d'aller parler dans le phonographe pour apprendre cette belle diction, cette articulation précise et métho-
dique en même temps qu'harmonieuse
qui a fait la réputation des Talma et des
Rachel.

M. Edison a construit ce fameux phonographe sur lequel il a pu inscrire un
roman de 500 pages.

Les Américains n'ont pas manqué si
belle occasion de représenter par la gravure ce résultat, et leurs journaux illustrés
nous ont montré une famille, installée
autour d'une table, chacun se livrant à
une occupation différente, depuis le père
qui fume son cigare, négligemment allongé
dans un fauteuil, jusqu'au baby qui prend
à sa mère sa nourriture quotidienne.
Pendant ce temps sur la table est installé
le phonographe. Grâce à un mouvement
d'horlogerie, l'appareil marche tout seul
et le roman inscrit est écouté, sinon compris, par tout le monde, sans que personne
soit obligé de se fatiguer pour le lire.

L'intéressante *correspondance scienti-*

fique de l'ingénieur Varey a publié récemment la note ci-dessous. Si ce que dit le Dr Phipson est vrai, nous touchons à un perfectionnement bien curieux du phonographe.

Le Dr Phipson, le savant correspondant anglais du *Moniteur de la Photographie*, nous apprend qu'il est question, en ce moment, de la possibilité d'obtenir *une image photographique qui se meut et qui parle*, par l'emploi simultané du *phonographe* et du *kinétiscope*.

Avant d'aller plus loin, je pense que quelques mots d'explications sont indispensables pour bien comprendre comment on obtiendrait l'image photographique parlante, agissante — sinon pensante — dont parle le Dr Phipson. On sait que la persistance des impressions lumineuses sur la rétine a donné lieu à des jeux d'optique très-amusants ; le *kinétiscope* — appelé aussi *phénakisticope* — est un de ces jeux. Il se compose principalement d'un disque circulaire en carton, partagé en plusieurs secteurs égaux et

percé vers sa circonférence de trous régu-
lièrement espacés, en nombre égal à celui des secteurs. A chacun de ceux-ci on
représente la même scène ou le même
personnage, en variant seulement les at-
titudes du ou des personnages, de manière
à y établir diverses transitions entre les
positions extrêmes qu'il doit ou que chacun d'eux doit occuper. Si on place l'œil
à la hauteur d'une des ouvertures du disque; si on imprime à ce disque, au
moyen d'une disposition spéciale très-
simple, un mouvement de rotation rapide,
les secteurs dans lesquels est décomposée
la surface circulaire sembleront ne plus
changer de place, tandis que les images
qui y sont tracées paraîtront se mouvoir
avec une vitesse égale à celle de la rotation donnée au disque. La durée totale de
l'impression lumineuse, dans ce cas, est
d'autant plus grande que la lumière est
plus intense.

Ceci posé, écoutons, maintenant, le
Dr Phipson :

« Un orateur parle à la Chambre ; sa voix

est reçue dans un phonographe qui permet de la reproduire quand on veut, et peut-être tant qu'on veut. Ses gestes sont reproduits à l'aide d'une série d'épreuves instantanées. Ces épreuves agrandies sont projetées, l'une après l'autre, dans la fente d'un grand *kinétiscope* éclairé par un rayon de lumière électrique, tandis que le phonographe fait entendre la voix. L'auditoire a ainsi le spectacle d'une image photographique de grandeur naturelle qui se meut et qui parle avec la voix et les gestes du sujet représenté.

« Il ne manque plus » — ajoute très-spirituellement le Dr Phipson — que « la conscience propre » des philosophes, et voilà un homme tout fait, quoique un peu mince, peut-être.

Huit jours plus tard, à la date où nous mettions sous presse, la même correspondance publiait la lettre suivante de M. Napoli.

Le phonographe et la photographie. — A propos de l'image photographique — grandeur naturelle — parlante et agissante, imaginée par le Dr Phipson et dont il a été question dans notre dernier numéro, M. David Napoli, physicien distingué, très-connu du monde savant, nous adresse la lettre suivante que nos lecteurs liront, certainement, avec beaucoup d'intérêt :

« Mon cher ami, — J'ai été frappé de l'idée très-ingénieuse du Dr Phipson qui veut faire parler et se mouvoir les images photographiques. Rien ne manque à son projet : il a tout prévu, et, en effet, si les épreuves photographiques instantanées étaient chose facile, le problème serait immédiatement réalisable, puisqu'il est très-soluble, grâce à l'emploi simultané du kinétiscope et du phonographe.

« Tous ceux qui se sont occupés de photographies instantanées rêvent qu'il faut éclairer beaucoup l'objet à reproduire, tout en ayant des glaces préparées avec soin et avec des produits parfaits. Ces conditions, en tant que portraits, sont très-difficilement réalisables, à moins d'un petit nombre d'exceptions. Mais, en attendant que les épreuves instantanées soient obtenues couramment, on pourrait toujours faire des épreuves ordinaires qui n'exigent que 8 à 10 secondes de pose et faire une série de clichés, l'un à la suite de l'autre. Le premier, représentant, par exemple, le commencement d'un geste, d'un mouvement de tête ou de lèvres. Le second, la continuation de ces mêmes mouvements et ainsi de suite, ce qui donnerait des images analogues à celles que l'on dessine spécialement pour le kinétiscope.

« Ou bien encore, on pourrait employer plusieurs objectifs fonctionnant simultanément. Par exemple, dix objectifs placés en rond, avec la personne au centre. Les épreuves obtenues disposées dans le kinétiscope feraient voir cette même personne tournant toujours sur elle-même.

« Je ne dis pas que la chose paraîtrait naturelle, car, en général, du moins physiquement, on n'a pas l'habitude de tourner ainsi sur soi-même ; mais en combinant plusieurs objectifs agissant à la fois ou l'un après l'autre, on pourrait — tou-

jours en attendant ces photographies instantanées — résoudre d'une façon intéressante le projet du Dr Phipson

« Il serait possible aussi, au lieu d'employer le kinétiscope sous la forme ordinaire, de se servir d'un disque vertical animé
d'un mouvement de rotation et sur lequel
on aurait placé, suivant des rayons, la
série d'épreuves photographiques. Un
écran convenablement percé de trous
permettrait de voir une seule épreuve à la
fois. Si, à chaque fois qu'une épreuve pas-
serait devant l'ouverture de l'écran, on
faisait jaillir une étincelle électrique, soit
d'une bobine Ruhmkorff, soit d'une machine Holtz, la durée de l'étincelle étant
tout à fait instantanée, on verrait l'image
fixe dans l'espace, quoique, en réalité, elle
tournerait; et, l'une succédant à l'autre à
mesure du mouvement de rotation du
disque, l'illusion serait complète.

« Il va sans dire que pendant ce temps
un appareil phonographique, mis en mouvement par le même moteur, produirait,
de son côté, l'illusion de la parole.

« Que pensez-vous de ces expériences ?....

« Tout à vous,

« D. Napoli. »

Réponse. Mais, mon cher maître, la
conception de ces différentes photographies *vivantes* est des plus intéressantes
et personne, mieux que vous, n'est capa-
ble de les mettre à exécution — surtout
avec le secours du phonographe que vous
connaissez bien. La *Correspondance scientifique* n'a qu'un but, vous le savez : mettre
en relief, faire connaître toutes les inventions et toutes les curiosités scientifiques.
C'est une véritable académie, une œuvre
par excellence de vulgarisation, et, quand
vous le voudrez, nous serons heureux
de vous ouvrir nos portes à deux battants.
Nous vous promettons, à l'avance, un auditoire digne de vous, de votre savoir et
de vos travaux.

L'affaire en est là pour le moment.

Mais elle ira bien sûr très-loin.

CHAPITRE VIII

La réclamation fatale. — M. Charles Cros et le phonographe.

Dès que le phonographe a parlé, il s'est trouvé un certain nombre de gens qui tous ont prétendu l'avoir inventé bien avant Edison.

Parmi ces inventeurs malheureux et retardataires se trouve M. Charles Cros.

Voici l'article que la *Gazette de France*, en date du 9 mai, lançait, aveuglément peut-être, dans les jambes de ce pauvre M. Edison, par l'intermédiaire de son humoristique chroniqueur Dancourt.

Courrier de Paris

—

« J'interromps aujourd'hui mon voyage

autour de l'Exposition pour parler d'un appareil qui y figure, qui fonctionnera même devant le visiteur, et qui, le jour où il aura été perfectionné et mis à la portée de tout le monde, laissera bien loin derrière lui non-seulement la télégraphie, mais le téléphone, dont j'ai récemment entretenu les lecteurs. Il s'agit du phonographe, que les Parisiens connaissent uniquement aujourd'hui par les expériences quotidiennes, fort curieuses d'ailleurs, accomplies publiquement dans les conférences du boulevard des Capucines, à l'aide de l'appareil Edison. Un Anglais, M. Graham Bell, a popularisé le téléphone. Un Américain, M. Edison, est en train de populariser le phonographe. Cela devait être, les Anglais et les Américains se distinguent par une activité dont les Français, tout malins qu'ils sont, offrent de bien rares exemples. C'est un Français, Papin, qui découvrit l'application de la vapeur aux véhicules et aux bateaux. Les Anglais n'en passent pas moins pour avoir eu, seuls, le mérite de cette application. De gros livres de controverse ont déjà été écrits sur cette question, depuis longtemps résumée par Jean de La Fontaine, dans la fable de *Bertrand et Raton*. Le phonographe me paraît destiné à faire couler également des flots d'encre, car un certain nombre d'inventeurs se disputent en ce moment la priorité de l'invention. Je vais tâcher de résumer le procès à l'aide de documents très-précis, quelquefois même techniques, mais qui, je crois, seront facilement compris, même des personnes étrangères à la science, et offriront quelque intérêt.

« L'idée d'enregistrer les vibrations sonores est ancienne. Il y a, par exemple, une quinzaine d'années que M. Scott construisit avec M. Kœnig un appareil ayant ce but et auquel on donna le nom de phonautographe. On peut voir cet appareil et un album de papiers couverts de traces sonores chez M. Kœnig, le professeur de chant, ancien artiste de l'Opéra. L'idée de *faire parler les traces des sons* est nouvelle. M. Charles Cros l'a formulée le premier dans un pli cacheté, reçu par l'Académie des sciences le 30 avril 1877. On peut lire la note contenue en ce pli, dans la livraison des *Comptes rendus de l'Académie des sciences*, séance du 3 décembre 1877. M. Charles Cros y propose d'enregistrer les vibrations d'un tympan sur une surface plane noircie à la flamme et suivant une spirale. On transforme les traces en une gravure en creux par la photographie. Une pointe solidaire d'un tympan plonge dans ce sillon ondulé qu'on fait progresser avec la vitesse convenable, et reproduit les vibrations originelles. L'auteur ajoute que le tracé en spirale n'est qu'un provisoire et que le procédé définitif consistera à obtenir les traces suivant une hélice sur un cylindre. Ceci, nous le répétons, date du 30 avril 1877.

« Un mois ou deux après, M. Charles Cros décrivit son appareil à M. Antoine Bréguet et lui en proposa la construction. M. Bréguet, considérant l'idée et les moyens comme facilement réalisables, demanda un dessin exact. Un dessin exigeait la détermination des grandeurs absolues des organes, grandeurs qui ne pouvaient se fixer sans expériences. Or, M. Charles Cros ne se trouva pas en mesure de faire des expériences. C'est ainsi que parfois les savants *négligent* le côté pratique pour se livrer à la théorie toute seule. Heureusement pour M. Charles Cros, M. l'abbé Leblanc, rédacteur scientifique de la *Semaine du clergé*, l'ayant rencontré, lui demanda quelques détails, et s'éprit fort de son projet. Il en rendit compte dans un article du 10 octobre 1877 (*Semaine du clergé*). On peut voir que M. Leblanc décrit à cette date et sous le nom même de *phonographe,* un appareil identique à celui de M. Edison, sauf que l'enregistrement ne s'y fait pas sur papier d'étain. Cette livraison de la *Semaine du clergé* fut d'ailleurs déposée au secrétariat de l'Académie des sciences. Puis, le 3 décembre 1877, le pli cacheté reçu par l'Académie des sciences fut, sur la demande de M. Cros, ouvert en séance publique et inséré aux comptes rendus. A la suite de cette séance, M. Victor Meunier publia, dans le *Rappel*, une série d'articles sur le nouvel appareil qu'il préféra appeler *paléophone* plutôt que *phonographe*, — c'est-à-dire répétant les *sons anciens*.

« Or (et ici commence réellement la question de priorité), ce n'est que le 19 décembre 1877, dans un brevet pris à Paris, brevet dont l'objet très-étendu dans les détails formulés est particulièrement la *constatation des phénomènes électriques par le son*, que M. Edison propose d'enregistrer les vibrations d'un tympan actionnant une plume très-flexible incessamment chargée d'encre qui frôle une bande de papier sans fin. La plume trace un trait plus ou moins large dont l'encre, une fois sèche, doit produire un frottement plus ou moins étendu sur une lame sous laquelle est entraîné le papier. M. Edison donne en outre d'autres projets où ce frottement inégal est obtenu par des actions électro-chimiques.

« Papier continu, tracé à l'encre ou au

stylet électrisé, nous sommes loin du phonographe qu'on a vu dernièrement, phonographe qui est le paléophone de M. Charles Cros, sauf l'emploi du papier d'étain ou même de la lame mince de cuivre qu'annonce M. Edison.

« Enfin, le 15 janvier 1878, M. Edison a pris un certificat d'addition à son brevet. Dans ce certificat, au milieu de nombreux perfectionnements proposés pour le *télé-phone*, le phonographe, *purement mécanique*, tel que nous le connaissons, est décrit pour la première fois. Curieux détail, M. Edison propose comme pratique, et a proposé même depuis comme meilleur pour la répétition, l'enregistrement suivant une spirale plane, procédé indiqué le 30 avril par M. Charles Cros comme provisoire et qu'il déclare actuellement défectueux.

« En résumé, la description écrite de M. Edison est de huit mois et demi en retard sur celle de M. Charles Cros. La formule du principe et la description du même appareil, sauf le papier d'étain ou la lame de cuivre mince, ont été publiés, antérieurement audit brevet, sous le nom de M. Charles Cros. Principe et appareil sont donc dans le domaine public. Avis aux constructeurs de tous pays.

« Le gaufrage d'un papier d'étain ou d'une mince lame de cuivre est, de l'avis de M. Charles Cros, un travail excessif pour un stylet enregistreur de vibrations aussi faibles et aussi rapides que celles des sons, articulations et bruits perceptibles à l'oreille.

« C'est de là que provient en grande partie la *voix de Polichinelle* et la confusion des répétitions du phonographe. M. Charles Cros préfère employer un cylindre noirci à la flamme, sur lequel il trouve moyen de graver en creux les tracés si délicats du stylet.

« Dans tous les cas, nul ne pourrait empêcher l'acheteur de l'appareil, construit par le premier venu, d'employer le papier d'étain ou la lame de cuivre ; il n'y a donc pas de garantie industrielle à cet emploi.

« Tout ceci ne tend pas à prouver qu'il est juste que ni M. Edison ni M. Charles Cros ne gagnent rien à cette invention. L'État français a désintéressé l'héritier de Nicéphore Niepce et Daguerre pour les procédés de la photographie, afin de mettre ces procédés dans le domaine public. Or, la phonographie est, dès à présent, dans le domaine public. M. Edison, en construisant le phonographe et en le faisant fonctionner, a démontré la réalité de l'invention.

« L'État français et les autres États estimeront-ils que la *phonographie* vaut la *photographie*?

« DANCOURT. »

Il est facile, en se servant précisément de cet article, de démontrer que la gloire d'avoir fait parler le phonographe revient à M. Edison, non à M. Cros.

Que M. Cros ait eu l'idée de faire parler les traces des sons depuis le 30 avril 1877, nul ne le conteste et il est probable même qu'il n'est pas le seul à qui cette idée soit venue. Un peu plus pratique que nous ne le sommes d'ordinaire en France, il a eu soin de communiquer cette idée à l'Académie des sciences.

Il a pris, pour sauvegarder la priorité de l'idée, ce que les Américains appellent un *caveat*. Il est seulement bien malheureux, et je le regrette sincèrement pour la gloire de notre pays, que M. Charles Cros n'ait pas continué ce mouvement et n'ait pas immédiatement essayé de faire *parler* un instrument quelconque fabriqué n'importe comment, mais parlant et se faisant distinctement entendre. Les grands inventeurs ont fait de ces appareils grossiers qui avaient la forme rêvée par eux. Pourquoi M. Cros n'a-t-il pas construit un phonographe rudimentaire? Il eût découvert le *vrai phonographe*, c'est-à-dire, le phonographe pratique et non le phonographe *théorique*, dont on peut parler très-longuement, mais qui lui, ne parle pas.

Il ne manque pas de gens qui ont eu et qui ont encore l'*idée* de diriger les ballons;

tout homme ayant quelques notions de mécanique s'est arrêté un instant au moins devant ce problème tant étudié, et jusqu'à présent insoluble.

J'avoue que la réclamation de M. Cros est bien peu autorisée, même aux yeux de gens qni font du chauvinisme à propos de tout.

Comment! il est sur la voie d'une découverte merveilleuse, il la sent, dit-il, il la voit, il la touche et il se contente d'avertir la docte Académie qu'il arrivera peut-être à faire reproduire les sons anciens!

Il faut que, par hasard, il rencontre M. l'abbé Leblanc, pour qu'il parle de nouveau de son idée, et c'est M. l'abbé Leblanc qui cherche à la réaliser, en construisant un phonographe fort bien fait il est vrai, mais ne parlant pas

Ceci, me direz-vous, n'est qu'un détail. Il eût dû parler. C'est possible, mais j'avoue franchement que ce détail me paraît précisément être le point capital de la découverte, et je suis certain de n'être pas le seul de cet avis.

De même encore que pour les ballons cent inventeurs ont trouvé des moyens mécaniques parfaits et admirables au point de vue théorique pour les diriger sans pouvoir d'ailleurs jamais y parvenir, de même le phonographe théorique a été très-bien expliqué par MM. Cros et Leblanc sans que ces deux messieurs aient pu jamais trouver « la petite bête ».

Il est question, très-peu question, dans l'article de M. Dancourt, de la feuille métallique formée d'un alliage de plomb et d'étain.

Il eût été cependant très-intéressant, et pour plusieurs raisons, de parler de cette feuille d'étain. La plus sérieure, c'est qu'elle constitue précisément la partie importante de l'appareil Edison.

La plaque vibrante, impressionnée par les ondes sonores, n'était pas une chose inconnue avant M. Cros. Le stylet adhérant à cette plaque et vibrant à l'unisson des vibrations de ladite plaque était encore une chose connue.

La seule difficulté, c'était de s'en servir.

La chose à trouver, c'était la matière *impressionnable*.

M. Cros de même que M. Leblanc ont essayé sans doute bien des systèmes pour pouvoir *entendre répéter* une phrase, et ils n'y sont pas parvenus. C'est M. Edison qui a seul *fait parler l'appareil.*

Or, comment l'a-t-il fait parler ? Précisément en cherchant une combinaison de plomb et d'étain qui permît aux vibrations de s'imprimer facilement par le moyen du stylet et d'être aussi facilement restituées par le moyen de ce même stylet.

Cela est si vrai que, si l'on change tant soit peu la composition de l'alliage de cette feuille métallique, la répétition de la parole ne se fait plus, les vibrations sont restituées, il est vrai, mais très-confuses, et l'*articulation* ne se fait pas.

Disons à ce propos que l'honorable rédacteur de la *Gazette*, qui prétend que les répétitions du phonographe sont confuses, n'a dû entendre le phonographe que par ouï-dire.

Il eût pu facilement se convaincre, comme tout le monde, que le phonographe parle très-distinctement et sans confusion, lorsque, bien entendu, la personne qui lui parle a soin de ne pas bredouiller, mais d'articuler les mots qu'elle prononce.

Quant à la voix de Polichinelle, c'est là qu'est le détail peu important. Dès l'instant que la restitution exacte des sons est obtenue, ainsi que l'aticulation précise, on peut espérer que, de même que la photographie a suivi de près le daguerréotype, le phonographe, qui ne fait que débuter dans le monde, progressera rapidement et arrivera à donner absolument la restitution du timbre et du volume de la voix.

La voix de Polichinelle tient à la plaque de tôle. Elle apparaît dans le téléphone de même que dans le phonographe. Bien sû, elle s'amendera.

En résumé, il est fâcheux que M. Ch. Cros se soit, comme on dit vulgairement, *endormi sur le rôti.* Notre pays aurait eu la gloire d'une invention merveilleuse et qui, ainsi que le dit si justement M. Dancourt, le jour où elle aura été perfectionnée, laissera bien loin derrière elle la télégraphie et la téléphonie, tandis que l'Américain Edison a eu l'ingénieuse idée d'ajouter une gloire nouvelle à celles qu'ont apportées à la jeune Amérique, une foule d'hommes déjà célèbres et surtout pratiques, nés sur ce territoire où le principe qui fait la loi est le fameux : « Time is money. »

CHAPITRE IX

Après avoir constaté le succès du phonographe, on en est venu à se demander
s'il était possible à tout le monde de se
servir du phonographe, aussi aisément
qu'Edison lui-même.

Ce chapitre donnera tous les détails
nécessaires aux apprentis phonographis-
tes. Il servira aux chefs d'institution, aux
cabinets de physique, aux professeurs de
sciences des colléges et aux particuliers.
Car l'instrument va devenir un joujou,
en attendant qu'il devienne chose utile.

Et d'abord, pour se servir du phonographe, il est de première nécessité de connaître l'appareil en détail.

Le phonographe se divise en deux parties :

1° L'appareil qui écrit, il se compose d'une embouchure en bois dans laquelle est enclavée :

Une plaque de tôle de 0^m,002 d'épaisseur ;

Quelques millimètres séparent l'embouchure de la plaque de façon que les ondes sonores puissent se produire, sans être gênées par l'embouchure.

De l'autre côté de la plaque se trouvent un *petit ressort* et un *stylet* reliés au cercle de tôle par un *morceau de caoutchouc;* ces trois objets : la plaque, le caoutchouc et le stylet, ne font plus qu'une seule et même partie de l'appareil.

2° Un *cylindre* sur lequel sont gravées des cannelures, suivant un pas de vis, lequel pas de vis se trouve répété sur l'arbre de couche ; enfin le tout est posé sur un *socle en fer* poli, vernissé à la japonaise.

Le phonographe étant un appareil extrêmement délicat, on doit prendre infiniment de précautions pour le sortir de la boîte spéciale dans laquelle il est installé.

Lorsque l'appareil est posé sur une table, on opère comme il suit :

L'opérateur prend très-délicatement une feuille d'étain entre le pouce et l'index après avoir eu le soin de bien la tendre.

Il prend un pinceau, le trempe dans une bouteille de vernis du japon, et l'essaye sur une feuille de papier blanc destinée à cet effet.

Lorsque le pinceau, qu'il a eu soin d'induire délicatement de vernis, ne contient plus de bavures, l'opérateur le passe sur l'un des bouts de la feuille, sur une largeur d'un centimètre à peu près, et sur toute la largeur de la feuille.

Puis il l'applique sur le cylindre à cannelures et l'enroule en faisant coller le vernis sur l'autre extrémité de la feuille d'étain. Enfin, sur le verso de l'endroit où se trouve le vernis, il a soin d'appuyer fortement l'ongle du pouce pour faire adhérer le vernis à la mixture d'étain. Il *racle*, afin de bien dessiner les cannelures du cylindre.

Voilà donc la première partie faite. On a soin alors de rapprocher l'embouchure, la plaque et le stylet, qui tous trois font une seule pièce. Cette pièce est montée sur une tige en fer, qui permet de la rapprocher ou de l'éloigner à volonté. Lorsque le stylet se trouve à une faible distance de la plaque d'étain, on serre le cran qui se trouve sur le socle et la préparation est terminée.

Il faut toujours avoir soin de faire bien adhérer le stylet sur la feuille d'étain. Il arriverait autrement, et on le comprendra, que si le stylet réadhérait à la feuille d'étain, lorsqu'on tournerait en parlant, les sons ne seraient ni enregistrés ni répétés.

Ainsi donc, il est de toute nécessité d'opérer en tenant bien compte de cette recommandation.

Ceci fait, on s'approche très-près de l'embouchure, et l'on parle d'une voix grave, en ayant soin de tourner d'un mouvement à peu près uniforme. Faire un tour *pour rien*, avant de commencer à parler.

Il est à remarquer que les voix de basses sont mieux répétées que les voix de soprano ou de baryton.

Lorsque l'on a parlé dans l'appareil, on retourne la roue en sens inverse en la ramenant à peu près au point de départ; et quand on veut faire reproduire la voix enregistrée, on n'a qu'à tourner la roue dans le premier sens, du même mouvement uniforme qu'on a pris en commençant, en ayant soin d'appliquer un cornet acoustique en carton sur l'embouchure de l'appareil ; le côté le plus évasé de ce cornet, doit être tourné vers les auditeurs et tenu presque droit.

Lorsque l'on a collé la feuille d'étain sur le cylindre à cannelures, il est une précaution qu'on prend ordinairement pour s'assurer de la réussite de l'expé-

rience, celle de pousser deux ou trois *rrrr*.
Si l'appareil les répète bien, on peut continuer l'opération, sinon, on devra avancer ou reculer le stylet, suivant le besoin indiqué par les traces premières.

Lorsque l'expérience est terminée, on a soin de remettre avec infiniment de précautions le phonographe dans sa boîte.

Il arrivera nécessairement, au bout de quelques jours, que le phonographe se salira : ce sera d'abord le cylindre qui sera taché de vernis du Japon ; en le nettoyera facilement avec deux brosses destinées à cet usage ; le socle se nettoie aussi, mais avec une préparation que vendent les marchands de couleurs. Il faut en outre avoir quelques pinceaux pour le vernis. Le vernis du Japon doit être toujours hermétiquement fermé, et on doit le prendre avec un pinceau plat.

Quant au papier d'étain, il doit être bien tendu et à l'abri de la poussière et des taches. Ce papier s'obtient en mélangeant du plomb et de l'étain dans des quantités voulues ; on fabrique de cette mixture en France, mais il est préférable de se servir de la mixture faite en Amérique, elle est parfaite. Lorsque l'on veut dévisser l'embouchure, pour s'assurer que la plaque de tôle est exactement placée, il est nécessaire de la revisser bien hermétiquement.

Tels sont les conseils que nous avons à donner. Mais il y a cent petits détails sur le stylet, le caoutchouc, qui sont difficiles à énumérer, et en résumé ceux qui voudront se servir du phonographe n'auront rien de plus simple à faire que de prendre quelques leçons d'un professeur, c'est le plus sûr moyen d'arriver à un résultat satisfaisant.

Lorsque le phonographe sera dans le domaine du commerce, nous nous mettrons à la disposition de nos lecteurs pour leur donner les conseils dont ils auront besoin. Car, si la théorie est aisée dans le phonographe, l'art y est assez difficile.

CHAPITRE X

Tout le monde sait aujourd'hui ce qu'est la galvanoplastie, cet art si utile qui consiste à faire déposer sur un corps quelconque une couche très-mince de métal, or, argent, cuivre, etc., couche qui sur toute la surface de ce corps est d'égale épaisseur et par conséquent laisse subsister intacts tous les détails de relief ou de creux.

C'est par la galvanoplastie qu'on a obtenu tant de jolies reproductions d'objets d'art, depuis les modèles de la statuaire antique jusqu'aux productions presque aussi belles de l'art contemporain.

Le procédé n'est pas bien difficile. On place l'objet à reproduire ou sur lequel on veut imprimer une couche de métal dans un récipient rempli d'eau. De chaque côté, et suspendues par des fils, sont placées des feuilles du métal qui doit aller se fixer sur l'objet.

Au moyen de la pile galvanique on fait passer un courant par les fils plongeant dans le récipient. L'effet de ce courant galvanique est de détacher pour ainsi dire parcelle par parcelle, atome par atome, le métal des feuilles et de le transporter sur la matière soumise au procédé.

Au bout d'un certain temps, lorsque la couche déposée est assez épaisse, on détruit le courant galvanique et on retire l'objet. C'est de cette façon que sont bronzés les candélabres à gaz et les statues qui ornent nos voies ou nos places publiques.

Grâce à la faculté que l'on a de donner à la couche de métal superposée une épaisseur variable, il est parfaitement possible de reproduire avec la plus scrupuleuse exactitude les moindres dépressions, par exemple d'une plaque métallique gravée au burin ou au marteau.

Il ne paraît donc pas impossible, bien au contraire, de reproduire par la galvanoplastie la feuille métallique placée sur le cylindre du phonographe, et cela avec toutes les impressions formées par la pointe du stylet.

Il s'agit simplement pour cela faire de calculer le temps qu'il faudrait laisser la feuille soumise à l'action du courant galvanique, afin que la couche déposée eût juste l'épaisseur exigée pour les feuilles du phonographe.

Ce résultat est très-facile à obtenir.

Il ressort de ce qui précède que, si l'on parvient à exécuter d'une manière parfaite la reproduction galvanoplastique des feuilles du phonographe, la première servant pour ainsi dire de cliché, on pourra tirer à un nombre d'exemplaires quelconque une phrase musicale ou d'un autre genre prononcée dans l'appareil, et les conserver de façon à n'avoir qu'à les

remettre sur un phonographe de même
dimension que celui qui a servi en premier lieu pour faire répéter la phrase.

Plus heureux que le livre, qui ne peut
que donner la phrase de l'orateur ou du
chanteur, dépouillée de presque tout ce
qui sert à l'orner, c'est-à-dire du geste,
de l'intonation, de l'inflexion de la voix,
le phonographe conservera précieuse-
ment ces divers ornements et les restituera
dans toute leur plénitude et dans toute
leur puissance, et de plus, grâce à la galvanoplastie, il pourra les faire entendre à
mille endroits différents à la fois, sans
altération et sans aucune modification.

Nous avons, dans un précédent chapitre, dit quelques mots du stylet, cette
petite pointe qui, supportée par un ressort, semblable à un ressort de pendule,
sert à inscrire sur la feuille métallique les
vibrations produites par les sons.

Ce stylet est une partie très-délicate de
l'appareil. Très-ténu, ayant à peine un
millimètre de longueur, il est sujet à se
fausser ou même à se briser par suite d'un

faux mouvement du cylindre ou simplement d'un choc.

Cette ténuité est cependant indipensable pour que le stylet soit rigide, c'est-à-dire qu'il ne puisse ni se plier ni se courber facilement.

S'il était plus long qu'il n'est, le frottement qu'il exerce sur la feuille de plomb pourrait le faire un peu plier, et alors les vibrations du ressort ne s'exécuteraient pas avec autant de précision et de netteté.

On n'a pas pu aussi le faire construire en acier, car ce métal, étant très-dur, aurait souvent produit des déchirures de la feuille.

Le métal qui a paru le meilleur a été le fer doux.

Le phénomène de la vibration du ressort, par suite du petit plongeon exécuté par le stylet dans les petits trous de la feuille métallique n'est pas extraordinaire, et le lecteur a bien des fois eu l'occasion de le voir se produire sous ses yeux.

Ainsi, par exemple, dans le *cri-cri*, ce

jouet qui, pendant quinze jours, a eu le don de déchirer les oreilles des Parisiens, le bruit strident si désagréable à entendre provenait des vibrations d'un ressort assez fort, auquel, par une pression exercée sur lui avec le pouce, on faisait exécuter un mouvement de plongeon. En se redressant, il vibrait et le bruit se produisait par conséquent d'autant plus fort que la pression avait été plus grande, et d'autant plus strident que les mouvements du ressort se succédaient plus rapidement.

Le même phénomène se voit à chaque instant. Qu'est-ce qui produit le bruit que fait la plume en écrivant ? C'est une série de petites vibrations produites par la pression du métal dont se compose la plume, sur le papier.

Tous les corps, d'ailleurs, sont susceptibles plus ou moins de recevoir et de transmettre les vibrations.

Les métaux sont classés, bien entendu, parmi ceux qui les transmettent le plus facilement.

Au moment où nous écrivons ces lignes,

nous recevons une grande nouvelle.
M. Edison a perfectionné le phonographe,
non pas seulement quant à sa construction, mais encore il lui a donné les moyens
de ramasser, pour ainsi dire sans le secours d'un tuyau acoustique, les sons
émis à une distance de 15 pieds de l'appareil et de les inscrire sur une feuille
métallique. De là à inscrire sur l'appareil
un discours prononcé dans une grande
salle, à une distance quelconque du phonographe, il n'y a qu'un pas, et il paraît,
dès aujourd'hui, évident que dans un
avenir très-prochain la phonographie aura
remplacé la sténographie.

Une seule personne, armée d'un
phonographe de dimensions suffisantes,
pourra recueillir les moindres paroles
d'un orateur.

A la Chambre, par exemple, au lieu d'un
service complet de sténographes obligés
de se relayer de trois minutes en trois
minutes, laissant malgré cela échapper
des interruptions, des exclamations,
un seul employé avec le phonographe

pourra tout inscrire et tout reproduire.

Les discussions sur les projets de loi, qui précèdent le vote et qui, souvent, commentent à l'avance et expliquent les termes de cette loi, seront fidèlement reproduites, avec les diverses intonations des orateurs, les soulignements de telle ou telle phrase, de tel ou tel mot, suffisants quelquefois pour faire interpréter tout différemment un article.

Dès aujourd'hui, d'ailleurs, avec le phonographe nouveau, condensant les sons émis à 15 pieds de distance, il n'y aurait qu'à placer un phonographe par surface de 15 pieds carrés, et tous les bruits, toutes les conversations d'une assemblée, haute ou basse, seraient inscrits.

Je gage que tout le monde ne serait pas satisfait de cette innovation.

Dès l'apparition du phonographe aux États-Unis, la verve humoristique des Américains s'est emparée du merveilleux instrument et les journaux illustrés ont montré le phonographe servant à une infinité de cas plus ou moins risibles.

L'un représentait un magasin dans lequel on ne vendait que des morceaux de chant obtenus par l'appareil et qu'on n'avait qu'à replacer sur un instrument semblable pour les faire répéter.

Les sermons des prédicants à la mode étaient de même mis en vente, et les gens qui n'avaient pas le temps d'aller au temple, n'avaient qu'à demander un discours sur tel ou tel verset de la Bible.

Un autre représentait une cantatrice en vogue, ne pouvant suffire à contenter tous les directeurs qui se la disputaient, et leur envoyant les opéras chantés par elle dans le phonographe.

La guerre des Sioux, ces sauvages qui scalpent et tuent les parlementaires, fournissait une nouvelle application du phonographe combiné avec le téléphone.

Le conseil des chefs Sioux, assemblé autour d'un phonographe, écoutait gravement les propositions que lui faisait à distance un parlementaire américain.

Puis on voyait aussi les chantres rem-

placés au lutrin par une véritable batterie
de phonographes ; deux bons bourgeois,
mari et femme, dans leur lit. Madame, qui
veut faire une plaisanterie à son mari, a
eu soin, la veille au soir, de crier dans le
phonographe : Au feu ! à la garde ! au secours ! Puis, au milieu de la nuit, elle tourne
doucement la manivelle, et monsieur, ré-
veillé en sursaut, se dresse avec épouvante
sur son séant, pendant que sa moitié rit
tout bas de la frayeur de son époux.

Ce ne sont là que des fantaisies brodées
sur un thème qui y prêtait.

Cependant, grâce au merveilleux génie
inventif d'Edison, la plupart de ces fantaisies se réaliseront bientôt, ou du moins
pourront se réaliser.

Déjà le téléphone a été tellement perfectionné, qu'on arrive à entendre les vibrations les plus petites ; on pourra entendre
la circulation du sang, et on ne se moquera
peut-être plus de ce personnage d'un
conte de fée dont le titre m'échappe, qui
écoutait le blé pousser. Car M. Hughes a
inventé le *microphone*.

Voici la description de ce nouvel appareil donnée par le journal *la France* :

Le microphone. — Le téléphone donne naissance aux découvertes les plus étonnantes. Après le phonographe d'Edison, voici le *microphone* de M. Hughes, l'électricien américain auquel est dû le télégraphe autoscripteur qui porte son nom et qui est en usage dans l'administration des postes.

Le microphone que M. Du Moncel a présenté à la dernière séance de l'Académie des sciences, est un appareil qui permet d'amplifier d'une façon considérable et de transmettre au loin les sons les plus faibles, même ceux imperceptibles à l'oreille ; il est donc pour l'ouïe ce que le microscope est pour la vue.

L'appareil présenté par M. Du Moncel a été construit hâtivement et grossièrement par M. Crookes, uniquement pour qu'on puisse se faire une idée expérimentale de l'invention de M. Hughes. C'est un téléphone modifié comme nous allons le dire.

Le téléphone récepteur, celui qu'on applique à l'oreille, est absolument l'instrument ordinaire.

Le téléphone transmetteur se compose d'une planchette mince, de la moitié du couvercle d'une boîte de cigares par exemple, dressée verticalement, à angle droit, sur une autre planchette horizontale.

On fixe sur la planchette verticale deux dés en charbon de cornue, l'un au-dessus de l'autre; ils sont creusés, le plus bas à sa surface supérieure, et le plus haut à sa face inférieure, d'un petit trou. On place entre ces deux dés un crayon, légèrement taillé en pointe, et on le place de façon qu'il entre dans le trou du dé inférieur, tandis qu'il soit seulement appuyé, en haut, contre le rebord du trou du dé supérieur. Ce crayon est pour ainsi dire en état d'équilibre instable; il est donc susceptible de vibrations, de mouvements les plus variés sous l'impulsion la plus légère.

L'appareil ainsi disposé, on place une montre, par exemple, sur la planchette

horizontale, et on établit le courant électrique comme dans le téléphone Bell. Il
suffit de quatre piles Leclanché.

On écoute alors au téléphone récepteur,
et on entend le *tic-tac* de la montre très-
amplifié, beaucoup plus bruyant que lorsqu'on place la montre près de l'oreille.

Bien plus, on entend le bruit produit
par le défilement des rouages !

Ces expériences peuvent être infiniment
variées. Ainsi, on peut encore placer au
lieu de la montre une petite cage en
papier renfermant une mouche en vie.
On entend, au téléphone récepteur, les
moindres mouvements de la mouche,
soit qu'elle marche, qu'elle vole, ou qu'elle
gratte sa prison.

Le *microphone* de M. Hughes est encore
à l'état rudimentaire ; mais, tel qu'il est, il
est vraiment extraordinaire, en ce que, au
rebours du téléphone, qui transmet les
sons en les diminuant, il les augmente.

On avait cherché l'explication de ce
phénomène dans des propriétés particu-
lières de certains corps pour la transmis-

sion des sons, analogues à celles du *sélénium* pour la lumière; M. Du Moncel voit là une erreur. Il explique le phénomène par les vibrations du crayon de charbon.

Qui sait si dans quelques années on ne parviendra pas à analyser les différents mouvements du cerveau et à expliquer la pensée!

Cette science nouvelle par ses applications, la science des plaques vibrantes, est certainement le point de départ d'une merveilleuse série d'inventions, surtout lorsqu'on voit avec quelle rapidité les perfectionnements sont apportés aux appareils déjà construits.

Où s'arrêtera le génie humain dans cette voie? Dieu seul le sait! comme dit le poëte :

> Os homini sublime dedit, cœlumque tueri
> Jussit, et erectos ad sidera tollene vultus.

« Il a donné à l'homme une tête superbe pour qu'il pût contempler le ciel. »

APPENDICE

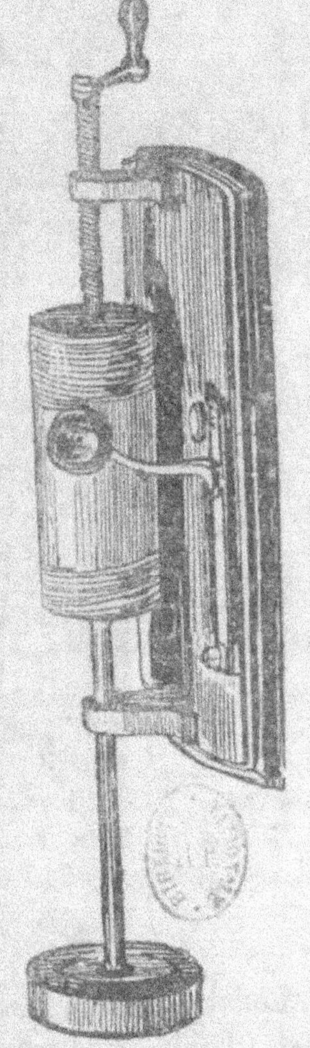

LE PHONOGRAPHE A MANIVELLE.

(Croquis d'après nature.)

Le phonographe à mouvement d'horlogerie.

M, embouchure; — C, cylindre; — H, mouvement.

L'appareil de vibration.

M, embouchure; — P, plaque de tôle; — S, style; — R, ressort; — C, coupe d'embouchure et de cylindre.

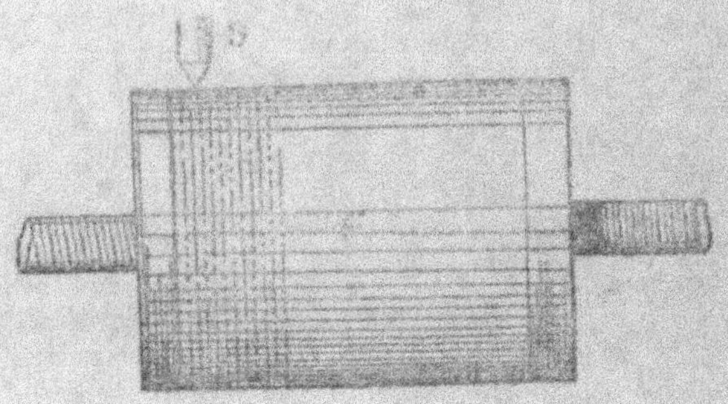

Le cylindre et le style.

S, style; — F, feuille d'étain.